几何的荣光 2

周春荔 编著

電子工業出版社
Publishing House of Electronics Industry
北京 · BEIJING

内容简介

本套书通过一种全新的方式引领读者认识几何。本套书以几何研学行夏令营为背景，让青少年生动真实地感知几何和现实世界，通过访谈和实际操作活动，体验数学的思维心理过程，通过动手动脑、交流互动，体验解证几何问题的认知策略.

本套书分3册，共14个专题，涵盖了初等几何的主要内容。书中穿插介绍了中外数学家、几何学历史、数学文化与近代数学的相关知识，有助于青少年提振学习兴趣、开拓视野、丰富学识内涵. 本套书凝聚了作者在几何教育上的心得与成果，是能够引领青少年漫游绚丽的几何园地的科普读物，另外本套书还能为中学几何教师和研究员提供相关的教学经验，为数学教育科普工作提供有益的参考资料.

图书在版编目（CIP）数据

几何的荣光. 2 / 周春荔编著. —北京：电子工业出版社，2024.1
ISBN 978-7-121-46906-0

Ⅰ. ①几… Ⅱ. ①周… Ⅲ. ①几何－青少年读物 Ⅳ. ①O18-49

中国国家版本馆CIP数据核字（2023）第241733号

责任编辑：邓　峰　葛卉婷
印　　刷：北京盛通印刷股份有限公司
装　　订：北京盛通印刷股份有限公司
出版发行：电子工业出版社
　　　　　北京市海淀区万寿路173信箱　　邮编：100036
开　　本：787 × 1092　1/16　印张：7.75　字数：173.6千字
版　　次：2024年1月第1版
印　　次：2024年1月第1次印刷
定　　价：42.80元

凡所购买电子工业出版社图书有缺损问题，请向购买书店调换。若书店售缺，请与本社发行部联系，联系及邮购电话：（010）88254888，88258888。

质量投诉请发邮件至zlts@phei.com.cn，盗版侵权举报请发邮件至dbqq@phei.com.cn。

本书咨询联系方式：（010）88254052，dengf@phei.com.cn。

前言

数学的研究对象是现实世界的数量关系和空间形式，因此数和形是数学大厦的两大柱石，几何学自古以来就是数学大花园中的绚丽园地. 在古希腊，柏拉图学院的门口挂着“不懂几何的人不得入内”的告示，欧几里得也对国王说过“几何学无王者之道”，这些无疑给几何园地增添了神秘奇趣的色彩.

其实，几何学并不是一门枯燥无趣的学问，而是充满了让人们看不够的美丽的景色，生动而奇妙的传闻和故事，大胆的猜想和巧妙的论证，以及精美独特的解题妙招.它与现实世界存在不能割舍的血肉联系，它至今仍朝气蓬勃充满着生命的活力.

培养人才的实践证明，在青少年时代打下平面几何的基础，对一个人的数学修养是极为关键的. 大科学家牛顿曾说：“几何学的光荣，在于它从很少的几条独立自主的原则出发，而得以完成如此之多的工作.” 1933年，爱因斯坦在英国牛津大学所作的《关于理论物理的方法》的演讲中，曾这样说道：“我们推崇古代希腊是西方科学的摇篮，在那里，世界第一次目睹了一个逻辑体系的奇迹，这个逻辑体系如此精密地一步一步推进，以致它的每一个命题都是绝对不容置疑的——我这里说的就是欧几里得几何. 推理的这种可赞叹的胜利，使人类理智获得了为取得以后成就所必需的信心，如果欧几里得未能激起你少年时代的热情，那么你就不是一个天生的科学家.”

在沙雷金编著的俄罗斯《几何7~9年级》课本的前言中有这样一段极富哲理的话：“精神的最高表现是理性，理性的最高显示是几何学. 三角形是几何学的细胞，它像宇宙那样取之不尽；圆是几何学的灵魂，通晓圆不仅通晓几何学的灵魂，而且能召回自己的灵魂.” 平面几何的模型是直线、三角形和圆，非常之简单！而它对数学思维的训练效果却非常之大. 学习平面几何，“投资少，收益大”，何乐而不为呢？ 实践经验证明：学习几何能锻炼一个人的思维，解答数学题，最重要的是培养一个人的钻研精神. 这些都说明了平面几何的教育价值.

在青少年时期，通过对图形的认识了解几何知识是非常重要的. 图形的变形很有趣味，大家都尝过“七巧板”以及各种拼图带来的喜悦，它会激发人们动手、动脑，并通过操作去理解，通过探求去体验，通过结果体尝成功的喜悦.通过图形认识数学、了解数学、体验数学活动，能使你真正体会到“数学是思维的体操”和数学之美，逐步形成和提高数学素养.

如何将图形问题变为生动活泼的、青少年喜闻乐见的几何知识，体现出“数学是智力的磨刀石，对于所有信奉教育的人而言，是一种不可缺少的思维训练” 的育人作用，是一项有意义的数学教育科研实践课题.

本着上述的主旨，作者在朋友们的鼓励支持下试着动手收集、整理素材，开始研究本课题，并将其中部分成果试编成本书，将一些趣味的几何问题通过数学活动的形式展现出来，内容融汇了知识、故事、思维与方法，愿与读者共同分享和体验.作者愿做读者的向导，引领大家走进几何王国，漫游绚丽的几何园地.

感谢电子工业出版社的贾贺、孙清先等同志在确定选题和支持写作方面给予作者的帮助.没有大家的共同策划、支持、鼓励和帮助，本书不可能顺利地完成.

由于作者学识水平有限，殷切期待广大读者和数学同仁给予斧正，以期去芜存菁.谢谢！

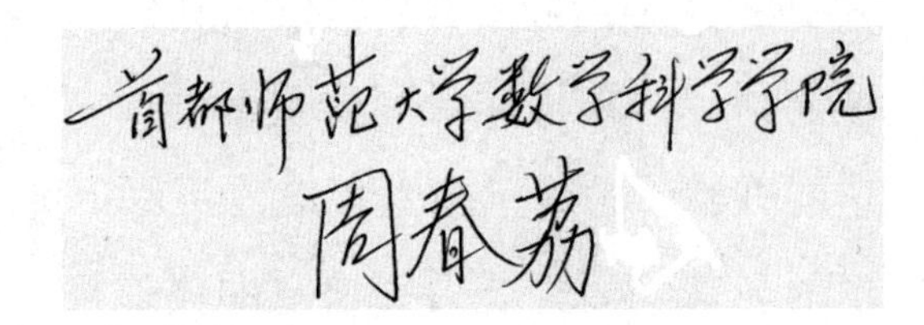

2021年6月

目 录

一、三角形的内外角

一张正方形纸片，沿着不过正方形顶点的直线剪掉正方形的一个角，剩下的部分有几个角？这些角的度数总和是多少？

——一则民间流传的益智问题

今天，由王老师向大家介绍有关“角”的趣题和故事.

由一点出发的两条射线形成的平面部分叫作角. 大家学过很多关于角的知识：锐角、直角、钝角、平角、周角、优角、劣角……名词一大堆.

“我们先做一节‘热身体操’.” 王老师风趣地说完，随手亮出了一张图版.

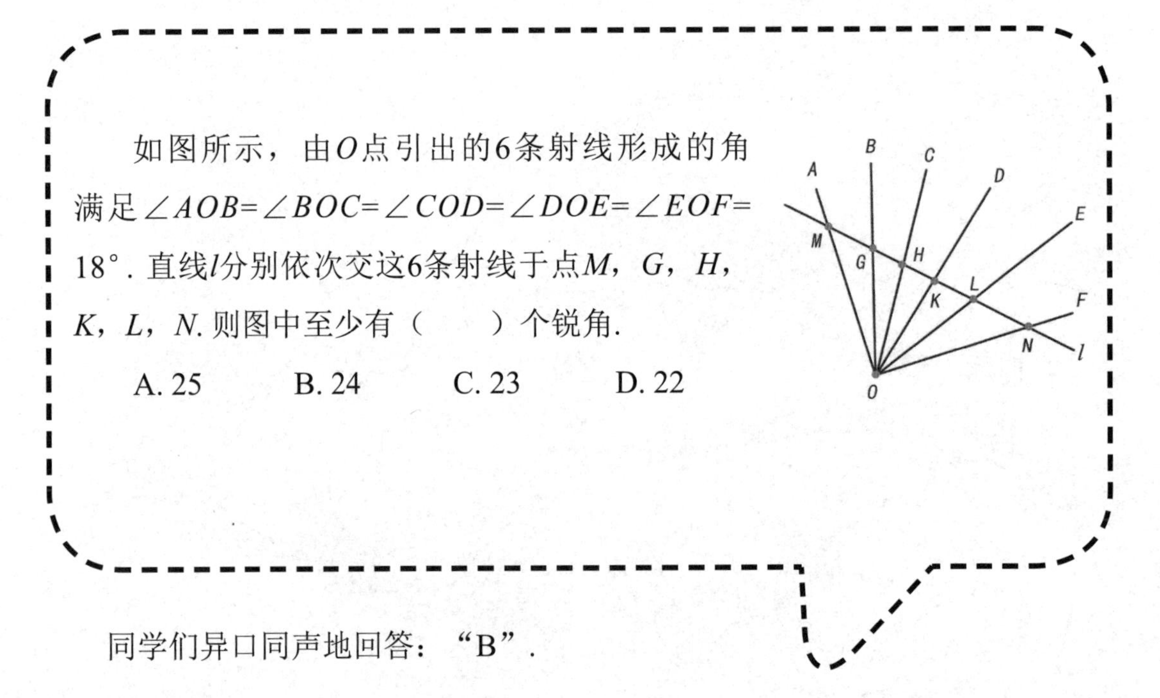

如图所示，由O点引出的6条射线形成的角满足$\angle AOB=\angle BOC=\angle COD=\angle DOE=\angle EOF=18°$. 直线$l$分别依次交这6条射线于点$M$，$G$，$H$，$K$，$L$，$N$. 则图中至少有（　　）个锐角.

A. 25　　B. 24　　C. 23　　D. 22

同学们异口同声地回答：“B”.

彤彤抢着说出了理由：“易知$\angle AOF=18°\times5=90°$，所以，顶点为$O$的锐角有$\dfrac{6\times5}{2}-1=14$个. 因为垂直于同一条直线的两条直线平行，所以直线l最多只能与OB，OC，OD，OE中的某一条垂直，因此，在M，G，H，K，L，N中至少有5处有互为对顶角的2个锐角，至少共计10个锐角. 因此图中至少有14+10=24个锐角，所以选B.”

1. 三角形的内角和

大家在小学阶段就学过定理：三角形的内角和等于180°. 当时老师让每位同学用剪纸做一个三角形，然后每位学生都将三角形的3个内角裁下来拼在一起，再用量角器量一量得到一个平角，等于180°. 于是承认了三角形的内角和等于180°.

这种证明方法是实验几何的方法，只是直观验证了每位同学做的三角形的内角和等于180°，并没有验证任意的三角形内角和都等于180°. 因此，对于任意三角形的内角和是否都等于180°必须给予理论证明.

证明：对任意$\triangle ABC$，过顶点C作$CD//BA$，如图1.1.1（a）所示.

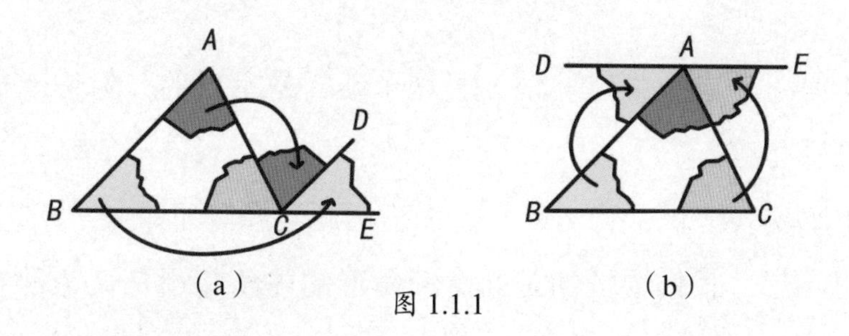

图 1.1.1

于是$\angle ACD=\angle BAC$（两直线平行，内错角相等），$\angle DCE=\angle ABC$（两直线平行，同位角相等）. 因为，$\angle BCA+\angle ACD+\angle DCE=180°$（平角定义），所以$\angle BCA+\angle BAC+\angle ABC=180°$（等量代换）.

小明举手抢着说："用过顶点A作$DE//BC$的方法也可以证明，如图1.1.1（b）所示."

小明说完了证法（此处略），大家报以热烈的掌声.

两种证法都是借助平行线的性质，将分散开的3个角不改变大小只改变位置通过"搬家"聚在一起，其实是直观验证启示下的理论描述. 三角形内角和

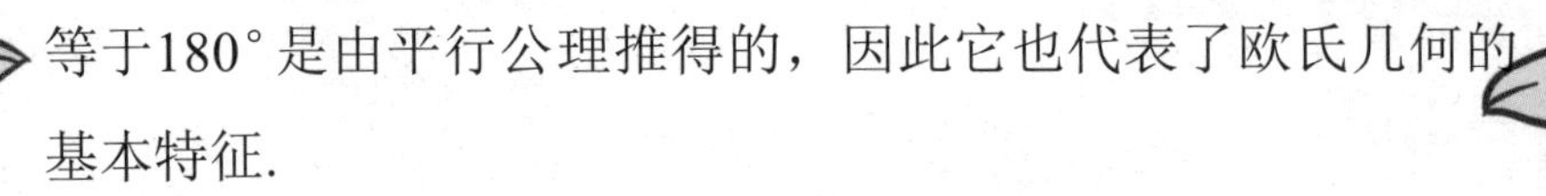

等于180°是由平行公理推得的，因此它也代表了欧氏几何的基本特征.

有的同学给出了如下的证明，如图1.1.2所示.

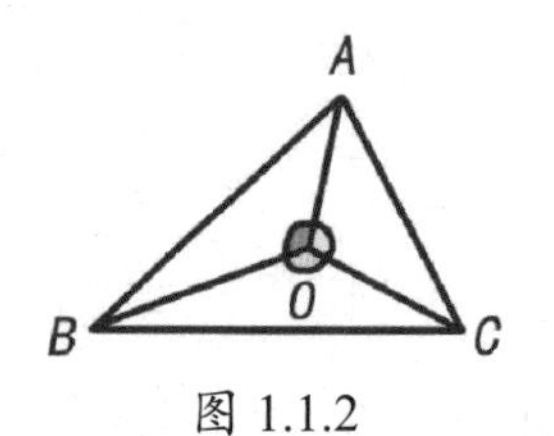

图 1.1.2

在$\triangle ABC$内任取一点O，设三角形3个内角和等于x，则$\triangle ABO$，$\triangle BCO$，$\triangle CAO$以及$\triangle ABC$的内角和都等于x，于是得$3x=x+360°$，解得$x=180°$，所以三角形的内角和等于180°.“这个证法真简单呀！”小红惊叹地说！

会场一阵沉默，接着出现了一些怀疑的眼神……

“不！我总觉得这个证法有问题，但是没发现问题在哪里！”小聪喃喃私语.

大家议论纷纷，老师肯定地说：“这个证明是不对的！你们能指出这个证明的问题出在哪里吗？”

一会儿小聪高兴地说：“老师，我知道问题出在哪里了！”

“大家想一想，我们要证的是任意三角形的内角和都是一个常量，它的证明中‘设三角形3个内角的和等于x，则$\triangle ABO$，$\triangle BCO$，$\triangle CAO$以及$\triangle ABC$的内角和都等于x’，等于事先承认了三角形内角和都是同一个常量x，所以证明是在默认三角形的内角和都是同一个常量的前提下，证得这个常量等于180°的.因此等于什么也没证.”

“好！小聪的说法完全正确！”大家热烈鼓掌.

既然我们证明了三角形的内角和是180°，请大家思考，三角形中的最大角一定不小于60°，最小角一定不大于60°.这是为什么呢？

大家一边议论，一边快速给出了结果.

2. 凸多边形的内角和与外角和

已知三角形的内角和，自然可以解决凸多边形的内角和问题.

每个凸n边形，可以从一个顶点引出$n-3$条对角线，将这个凸n边形分成$n-2$个三角形，这个凸n边形的内角和恰为这$n-2$个三角形的内角和，因此凸n边形的内角和等于$(n-2)\times180^\circ$，如图1.2.1所示.

由此不难得出凸n边形的外角和等于$n\times180^\circ-(n-2)\times180^\circ=2\times180^\circ=360^\circ$.

即凸n边形的外角和等于360°.

“请每位同学在作业本上随意画一个凸多边形，边数不限.”王老师等大家画好以后说，“大家用量角器量一量，你画的凸多边形的内角中有几个锐角.”

“一个锐角.”“两个锐角.”“三个锐角.”“我画的没有锐角.”同学们给出了4种答案.

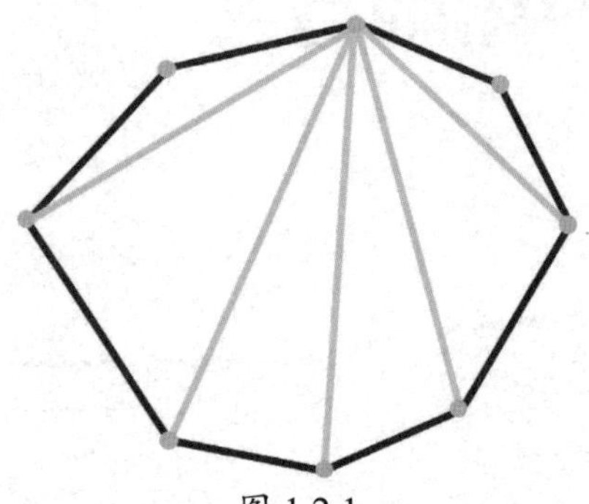
图 1.2.1

“怎么没有4个或更多个锐角呢？你们能说出原因吗？”王老师问大家.

“下面我们证明，凸多边形的内角中锐角的个数不能超过3个.”王老师兴奋地说，假设凸多边形的内角中锐角的个数超过3个，则至少为4个. 这时，这4个内角的邻补角都是钝角，也就是说，这个多边形的外角中有4个钝角，这4个钝角之和大于360°，因此这个多边形的外角和将大于360°. 与‘凸n边形的外角和等于360°’的结论矛盾.”

因此，凸多边形的内角中锐角的个数不能超过3个.

“这个证法真简单、美妙！”同学们赞不绝口. 王老师说：“这种证法叫作‘反证法’，我们一定要掌握好它，今后我们将不断地使用这个证明的利器.”

王老师继续说：“所画的凸多边形只有1个锐角的同学，你们画的凸多边形一定不是三角形.”

小辉说：“我画的凸多边形中，一个锐角都没有.”“你画的凸多边形的边数一定是不少于4条边的！”王老师说.

小红抢着说：“我画的多边形的内角中既没有锐角也没有钝角.”王老师肯定地说：“你画的一定是长方形或正方形！”

“大家想一想，我是如何判定的？”王老师留给大家思考.

3. 特殊角度的三角形

"三角形中三个内角的度数能够都是质数吗？"王老师问大家.

设三角形的三个内角为α, β, γ，且满足$\alpha \leqslant \beta \leqslant \gamma$，则有$\alpha+\beta+\gamma=180^\circ$.

显然α, β, γ不能全是奇数，因此α, β, γ中有一个或三个偶数，又因为题设求三个内角都是质数，所以只能取一个偶数且为质数，只能$\alpha=2^\circ$. 于是β, γ是两个奇质数，且满足$\beta+\gamma=178^\circ$.

下面我们列表试算：

β	5°	11°	29°	41°	47°	71°	89°
γ	173°	167°	149°	137°	131°	107°	89°

答：共7种情况，它们的内角度数分别是

(2°,5°,173°)，(2°,11°,167°)，(2°,29°,149°)，(2°,41°,137°)，

(2°,47°,131°)，(2°,71°,107°)，(2°,89°,89°).

王老师接着问：“不等边三角形中三个内角的度数能够是个位数字相同的整数吗？”

由于三角形是不等边三角形，所以三个内角度数不等，不妨设三个内角依次为$\alpha<\beta<\gamma$，且$\alpha+\beta+\gamma=180°$.由于α，β，γ度数的个位数字相同，设为m，则3个m之和的个位必须等于0，由此得$m=0$.也就是α，β，γ的度数都是10的倍数.

由于三角形中最小角不超过60°，当$a<60°$时，有$\beta=\gamma=60°$，与不等边三角形的条件不符，所以$\alpha<60°$，只能取50°，40°，30°，20°，10°五个值.现列举如下：

(50°,60°,70°)，(40°,50°,90°)，(40°,60°,80°)，(30°,40°,110°)，

(30°,50°,100°)，(30°,60°,90°)，(30°,70°,80°)，(20°,30°,130°)，

(20°,40°,120°)，(20°,50°,110°)，(20°,60°,100°)，(20°,70°,90°)，

(10°,20°,150°)，(10°,30°,140°)，(10°,40°,130°)，(10°,50°,120°)，

(10°,60°,110°)，(10°,70°,100°)，(10°,80°,90°)，共19种.

请你思考：三角形的内角度数能是三个平方数吗？

答案：可以，(16°,64°,100°).

4. 四边形铺砌地面

我们先看三角形内角和与四边形内角和的简单应用.

大家知道，周角是360°，因此当多边形的几个内角之和等于360°时，才能够将这些角的顶点汇聚在一起，恰好无重叠又无缝隙地用这个多边形铺满平面.

比如，用2个相同的三角形可以拼成一个小平行四边形，4个这样的小平行四边形可以拼成一个大平行四边形，如图1.4.1所示的平行四边形$ABCD$，中间共顶点O的6个三角形的内角恰拼成一个周角. 然后用平行四边形$ABCD$可以无缝隙地铺砌地面.

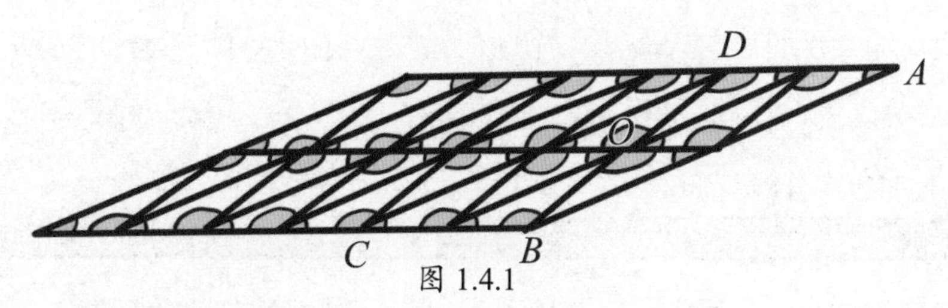

图 1.4.1

由于四边形的内角和为360°，而一个周角也是360°. 我们将4块同样的四边形地砖的4个不同内角拼在一起，使相等的边重合，恰好可以无缝隙地铺砌地面，非常漂亮，如图1.4.2所示.

不难发现，并不是任何多边形都可以像这样铺砌地面 . 探索正多边形铺砌地面的方法是一个有趣的镶嵌图案的课题 . 这引起了同学们的极大兴趣，营部决定让各小组自行组织探索 . 在夏令营结束后再进行综合报告 .

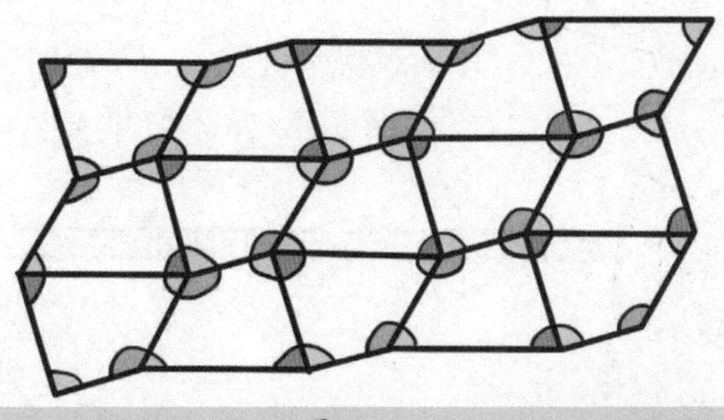

图 1.4.2

5. 正n边形的两个趣题

正多边形的每个内角都相等，正三角形中每个内角为60°，是整数，而正七边形中每个内角为$\left(128\frac{4}{7}\right)^{\circ}$，不是整数. 那么有多少种正$n$边形的内角度数为整数呢？

假设正n边形的内角度数为整数，因正n边形的内角都相等，则外角也相等，其值为$\dfrac{360^{\circ}}{n}$，也为整数，所以n必是360的约数.

由于$360=2^3\times3^2\times5$，所以360有$(3+1)(2+1)(1+1)=24$个因数.

当$n=1$或$n=2$时，不存在正n边形，所以只有22种正多边形满足条件. 它们是：n=3，4，5，6，8，9，10，12，15，18，20，24，30，36，40，45，60，72，90，120，180，360.

大家再看一个有趣的问题：

如图1.5.1所示，考古发现一块正多边形瓷砖的残片，瓷砖上找不到完整的一个角，考古专家判定D，E两点是该正多边形相邻的两个顶点，C，D是间隔一个顶点的两个顶点. 经过测量，$\angle CDE=135^{\circ}$，DE=13厘米. 原本正多边形的周长是多少厘米？

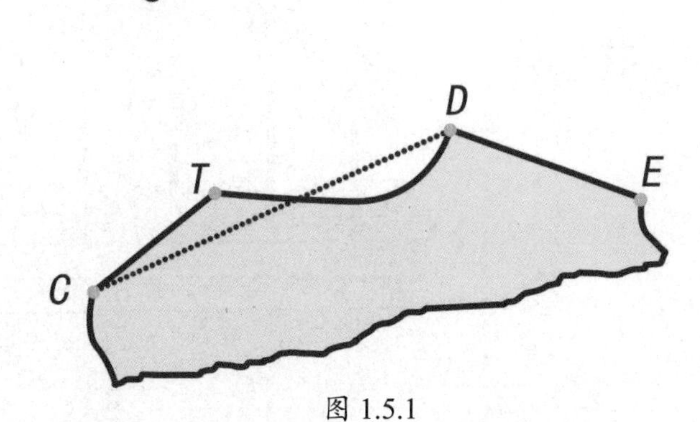

图 1.5.1

解：如图1.5.2所示，设原图是正n边形，其中C，D间的顶点为F，连接CF，DF，则$\angle CFD=\angle FDE=\frac{(n-2)}{n}\times 180^\circ$.

因为CF=FD，所以$\angle CDF=\angle FCD=\frac{180^\circ-\angle CFD}{2}=\frac{180^\circ}{n}$.

所以$\angle CDE=\angle FDE-\angle FDC=\frac{n-3}{n}\times 180^\circ=135^\circ$，解得$n$=12.

所以此正多边形是正十二边形，周长为13×12=156（厘米）.

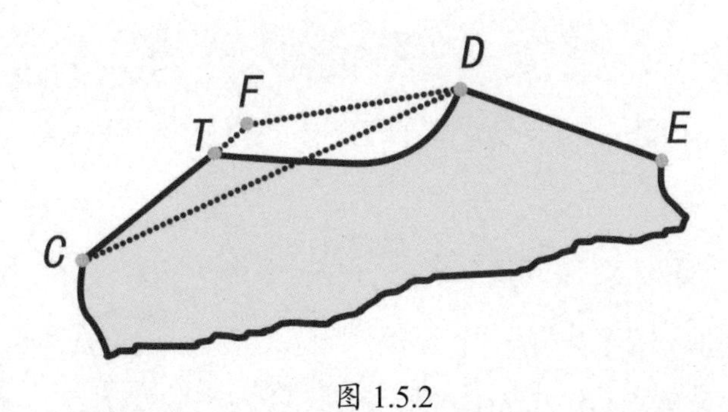

图 1.5.2

6. 风车形中求角度

图 1.6.1

9个同样的直角三角形卡片，拼成了如图1.6.1所示的风车图形. 这种三角形卡片中较大的一个锐角是多少度？

这是裘宗沪研究员为小学生出的一道题目，大家不妨先想想看，你会解吗？

解：图1.6.2中每个直角三角形有一大一小的两个锐角，汇聚在中心的是7个小角和2个大角.

观察到，大角+小角=90°，而在中心的9个角之和为360°.

因此7个小角+2个大角=360°，

即5个小角+（2个大角+2个小角）=360°，

所以5个小角+180°=360°，

即5个小角=180°，小角=36°.

所以，较大的一个锐角=90°−36°=54°.

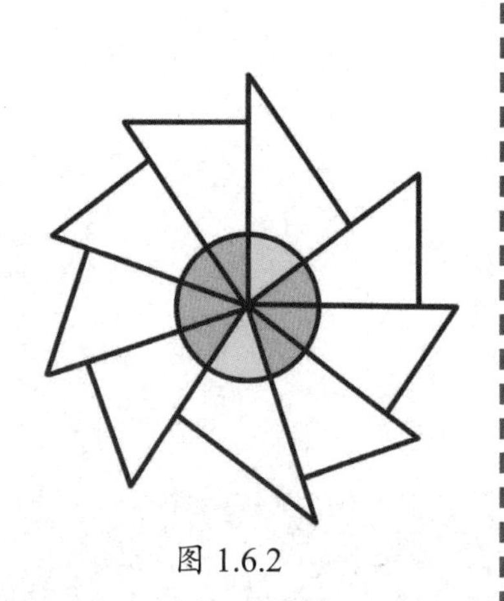

图 1.6.2

7. 拱门求角

王老师展示出一个漂亮的拱门图形，对大家说："如图1.7.1所示，已知拱门的截面由10个全等的等腰梯形砖块构成，求该等腰梯形中较大内角的度数．"

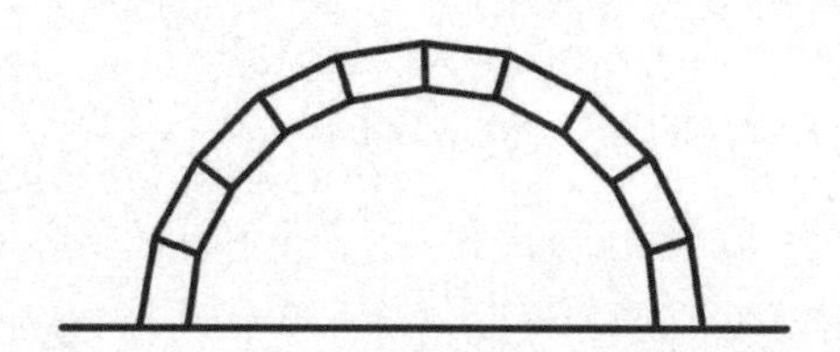

图 1.7.1

"请大家观察拱门的结构."王老师启发大家.

小明站起来抢着发言："该拱门截面图形是由10块相同的等腰梯形拼砌而成，它的外轮廓线为十一边形（包含底部的一边），这个十一边形的内角和=（11–2）×180°=9×180°，也就是这10个等腰梯形的20个下底角（较小内角）的和=9×180°，因此，每个下底角（较小内角）=9×180°÷20=81°.

"由于梯形两底平行，上底角（较大内角）与对应的下底角（较小内角）是互补的，所以，等腰梯形的一个上底角（较大内角）=180°–81°=99°."

"回答得很好！"王老师肯定了小明的发言，接着说，"如果从内圈的十一边形考察，同样可以求得梯形较大内角的度数为99°．"

这道题来源于实际问题的简化.

如果要用这样梯形截面的砖修建一座长为100米的拱门涵洞，如何依据梯形砖的大小和厚度提出备料方案？留给大家思考吧.

8. 方格纸上求角

接着王老师提出新的问题："如图1.8.1所示，在正方形网格中，A，B，C是3个格点. 求$\angle ACB$的度数.

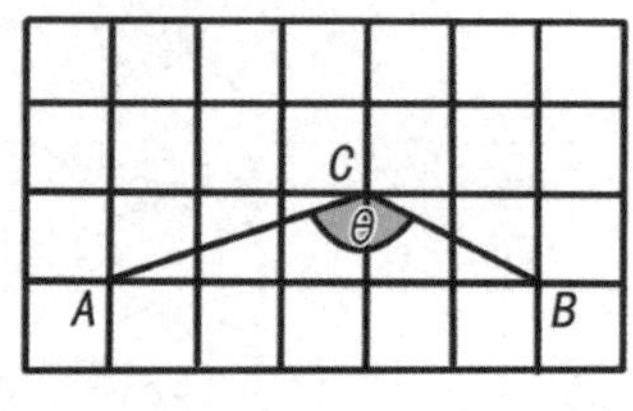

图 1.8.1

我们注意，方格纸中的每个方格都可看作边长是1的正方形.我们可以通过观察方格纸，设法作出特殊角."王老师提示大家.

同学们在作业本上画着草图，边观察边计算.

"135°！"好几个同学异口同声地说了出来！

"请小慧同学讲一讲她怎么求的吧！"王老师请小慧到讲台上讲解.

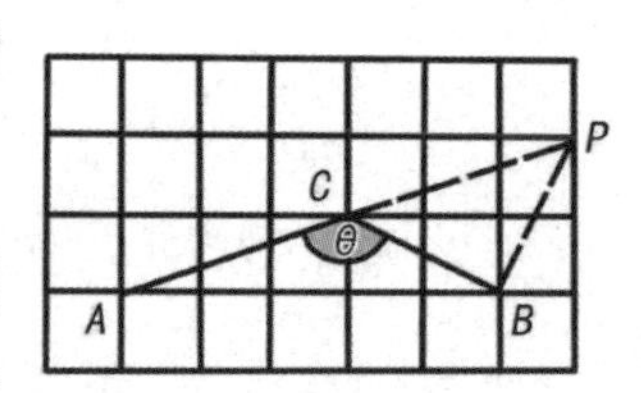

图 1.8.2

"我是这样添加的辅助线."小慧边说边画，"如图1.8.2所示，易知$CB=BP$，所以$\angle PCB=45°$，又A，C，P三点共线，所以$\angle ACB=180°-45°=135°$."

大家为小慧简要的解答送上热烈的掌声.

通过此例不难发现，方格纸上求角是一类综合运用几何知识锻炼思维的趣味问题. 请思考下面的问题：

在如图1.8.3所示的6个单位正方形组成的2×3矩形中，有两个角α和β，则$\alpha+\beta$的度数是______.

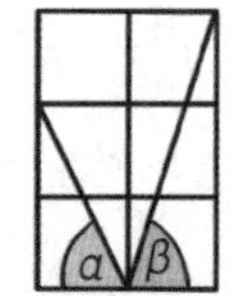

图 1.8.3

解：如图1.8.4所示，添加字母A, B, C，连接AC.

易知，$\angle BAC=90°$，$AB=AC$. $\triangle ABC$是等腰直角三角形.

所以$\angle ABC=45°$，因此$\alpha+\beta=180°-45°=135°$.

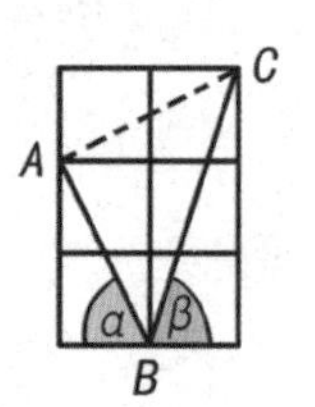

图 1.8.4

9. 巧求夹角的度数

如图1.9.1所示，AH是正$\triangle ABC$中BC边上的高，在点A，C处各有一只电子乌龟P和Q同时出发，并以相同的速度分别沿着AH，CA向前匀速爬行，则当两只电子乌龟到点B的距离之和$PB+QB$最小时，$\angle PBQ$的度数是多少？

这的确是一道有趣的问题，需要动脑筋思考一番.

解：如图1.9.2所示，将$\triangle ABP$绕点A顺时针旋转150°，再沿$\overrightarrow{AC}$平移到$\triangle CKQ$的位置.

易知$\triangle CKQ\cong\triangle ABP$. 因此$CQ=AP$，$CK=AB$，$\angle KCB=90°$.

当点Q落在KB上的Q'时，即$P'B+Q'B=KQ'+Q'B=KB$取最小值时，$\triangle BCK$是等腰直角三角形. 易知$\angle Q'BC=45°$，$\angle P'BA=\angle Q'KC=45°$，所以，此时$\angle P'BQ'=45°+45°-60°=30°$.

因此，当两只电子乌龟到点B的距离之和$PB+QB$最小时，$\angle P'BQ'$的度数是30°.

王鸣在早晨六点至七点之间外出晨练，他出门和回家的时候，时针与分针的夹

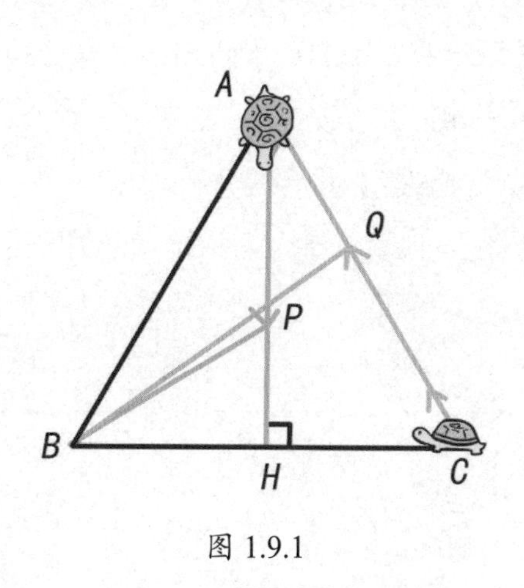

图 1.9.1

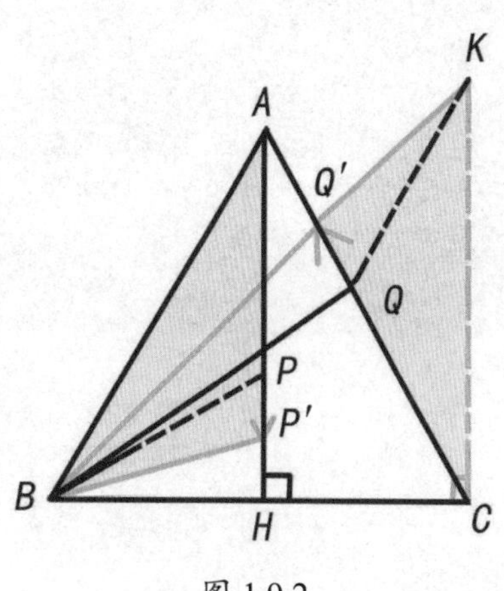

图 1.9.2

10. 巧求晨练时间

角都是110°，如图1.10.1所示. 王鸣晨练的时间是多少分钟？

这确实是很有意思的问题，时间的确定与

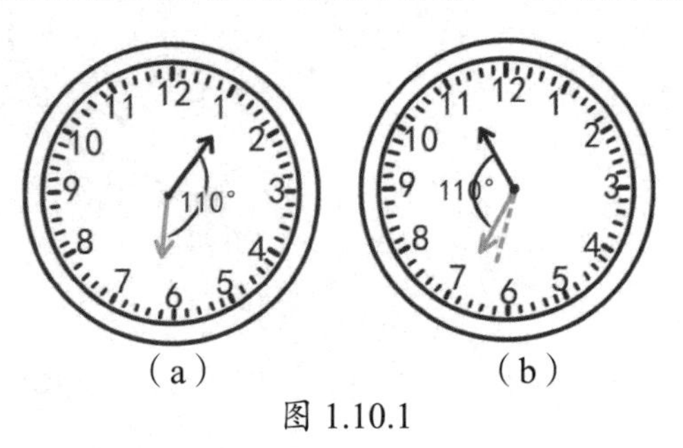

（a）　　（b）

图 1.10.1

角度发生了关系.

解：仔细观察表盘，显然出门时分针落后时针110°，回家时分针超过时针110°. 分针的速度为每分钟6°（即$\frac{360^\circ}{60^\circ}$），时针的速度为每分钟0.5°（即$\frac{360^\circ/12}{60}$）.

设王鸣共晨练了 x 分钟，则有 $6x-0.5x=110+110$，整理得$5.5x=220$，解得 $x=40$.

故王鸣晨练了 40 分钟.

王老师画了一个$\triangle ABC$，然后在三角

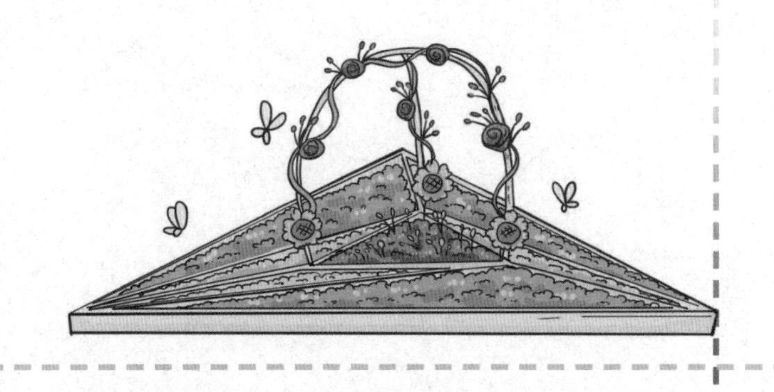

11. 计数三角形

形中密密麻麻地点了一些点，问大家："在$\triangle ABC$内部有2003个点，这2003个点和A，B，C三点通过线段连接，将$\triangle ABC$分割成了不重叠的小三角形. 请你数一数，共有多少个小三角形？

点太多了，小三角形很难数清！怎么办？退一步，从3个点的情况分析看一看.

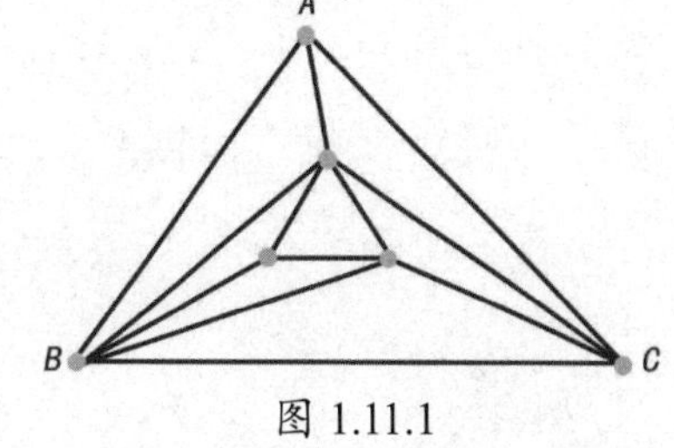

图 1.11.1

从图1.11.1中我们看到，设这些小三角形为x个，它们的内角总和为$x\times180°$. 另一方面，这些角的总和等于三角形内每个标出的点周围围成周角的度数和，即$3\times360°$，与$\triangle ABC$内角$180°$之和，两次计算的数值应该相等，于是得$x\times180°=3\times360°+180°$，解得$x=7$. 数一数，图中确实是7个小三角形.

根据王老师的分析，大家用列方程的方法，很快解出了王老师提出的问题.

解：设这2003个点和A，B，C三点通过线段连接，可以将$\triangle ABC$分割成x个不重叠的小三角形，则这些小三角形的内角和为$x\times180°$. 另一方面，在$\triangle ABC$内，每个点周围围成一个周角，再加上$\triangle ABC$的内角和，恰是这些小三角形的内角和，于是得$x\times180°=360°\times2003+180°$，解得$x=4007$. 即共有4007个小三角形.

思考题：在凸五边形$ABCDE$内部有1000个点，那么这1000个点和A，B，C，D，E五点通过线段连接，将五边形$ABCDE$分割成了不重叠的小三角形. 请你数一数，共有多少个小三角形？

提示：列方程$x\times180°=1000\times360°+540°$，解得$x=2003$.

12.剪五边形问题

王老师提出一个有趣的问题：将一个五边形沿一条直线剪成两个多边形，再将其中一个多边形沿一条直线剪成两部分，得到了3个多边形，然后将其中一个多边形沿一条直线剪成两部分，如此下去. 在得到的多边形中要有20个五边形，则最少剪多少次？

这个问题引起了大家的讨论，但是大家都找不到要领，于是静下来认真听王老师分析.

将一个五边形沿一条直线剪开被分成两个多边形，其内角和可能要增加.王老师画了一个图指出，如图1.12.1所示，其内角和至多增加360°，所以，每剪一次，多边形个数增加1个，多边形内角和至多增加360°.

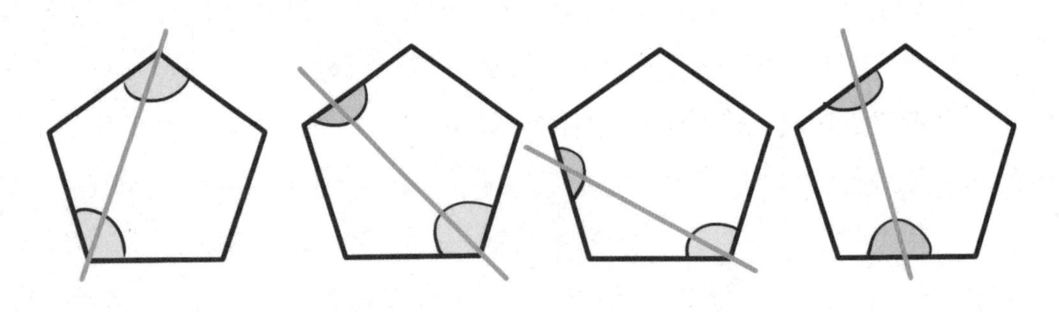

图 1.12.1

剪k次后共有（$k+1$）个多边形，共增加的度数至多为$k\times360°$，所以这（$k+1$）个多边形内角的度数和至多是$k\times360°+540°$.

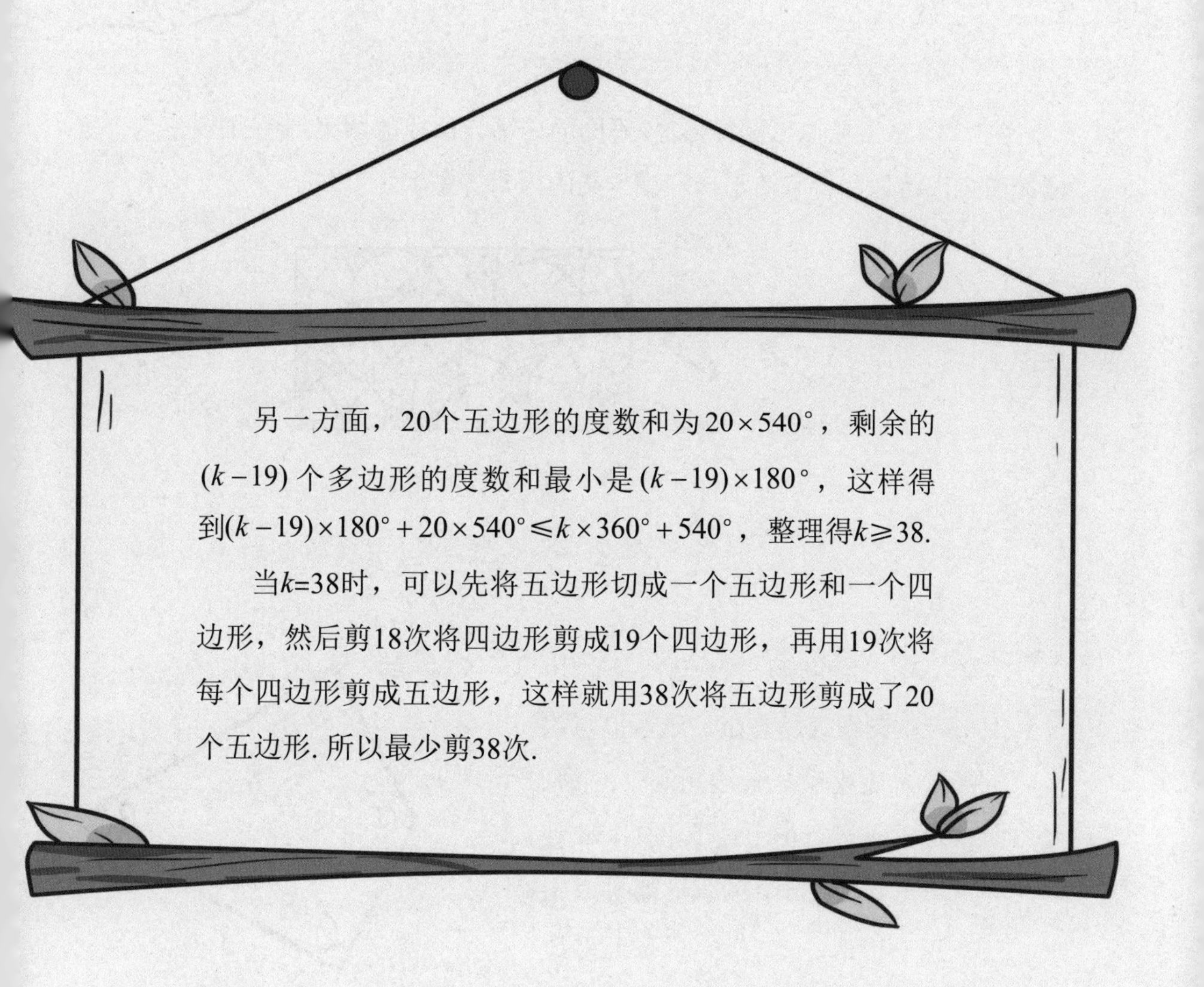

另一方面，20个五边形的度数和为$20\times540^\circ$，剩余的$(k-19)$个多边形的度数和最小是$(k-19)\times180^\circ$，这样得到$(k-19)\times180^\circ+20\times540^\circ\leqslant k\times360^\circ+540^\circ$，整理得$k\geqslant38$.

当k=38时，可以先将五边形切成一个五边形和一个四边形，然后剪18次将四边形剪成19个四边形，再用19次将每个四边形剪成五边形，这样就用38次将五边形剪成了20个五边形. 所以最少剪38次.

13.风筝形和镖形的内角

图1.13.1是由风筝形和镖形2种不同的砖铺设而成的图案.请仔细观察这个美丽的图案，请你回答风筝形砖和镖形砖的内角各是多少度？

图 1.13.1

解：风筝形与镖形都是四边形，由图案容易看出，风筝形与镖形的短边相等，长边相等，5个风筝形拼成一个正十边形.图1.13.2是风筝形，既然5个风筝形能拼成一个正十边形，就有$\gamma=\delta$.依照多边形内角和的计算公式，正十边形的内角和等于(10−2)×180°.

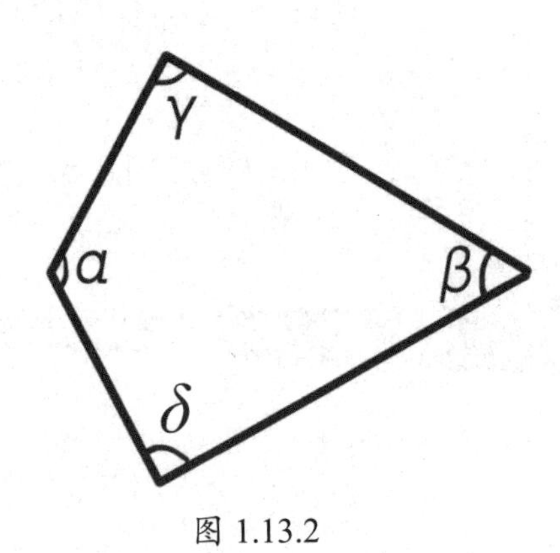

图 1.13.2

正十边形共由10个相等的内角α组成，所以每个内角$\alpha=(10-2)\times180^\circ\div10=144^\circ$.同样如图1.13.2所示，$5\beta=360^\circ$，$\beta=72^\circ$.

风筝形是个四边形，内角和为360°，所以

$$\gamma=(360^\circ-144^\circ-72^\circ)\div2=72^\circ.$$

如图1.13.3所示镖形中的角λ和风筝形中的角α组成一个周角，角υ和τ都是风筝形中的角α的补角，所以

$$\lambda=360^\circ-144^\circ=216^\circ,$$

$$\upsilon=\tau=180^\circ-144^\circ=36^\circ.$$

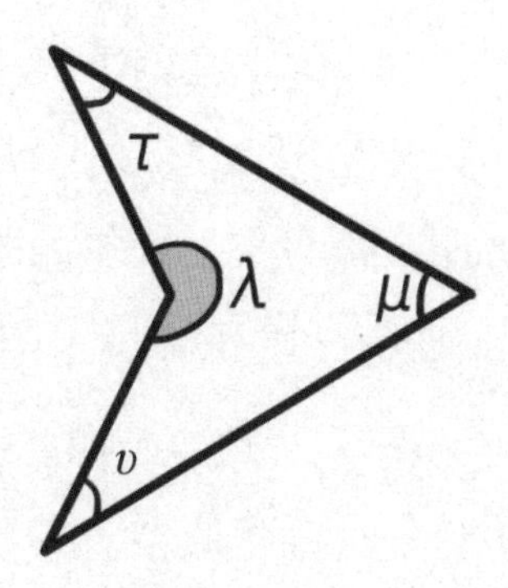

图 1.13.3

在图1.13.1所示的图案中，镖形和两个风筝形组成一个更大的风筝形，所以$\mu=72^\circ$.

所以，在风筝形中，有一个钝角为144°，其他3个角都是72°.在镖形中，有两个相等的锐角为36°，另一个锐角为72°，还有一个优角为216°.

14. 魔角1.1°与石墨烯超导

2018年3月5日，世界顶级杂志《自然》（Nature）连刊两文报道石墨烯超导的重大发现.值得关注的是来自中国的22岁的曹原是两文的第一作者，曹原是中科大少年班的毕业生、美国麻省理工学院的博士生. 他发现：当两层平行石墨烯堆成约1.1°的微妙角度时，就会产生神奇的超导效应.这一发现轰动了国际学界，直接开启了凝聚态物理的一块新领域.由于曹原的突破性工作，他成为《自然》杂志评选的2018年年度十大科学人物之一，他的研究成果也被选作封面. 2020年5月6日，曹原再次在《自然》杂志发表两篇关于魔角石墨烯取得系列新进展的文章. 2021年，曹原又在《自然》杂志发表了第5篇论文.

电力在传输的过程中如何将能量的传递效率最大化? 这个难题一直困扰着世界各国的科学家. 1911年荷兰科学家发现超导材料，但令人遗憾的是，这种材料必须在绝对零度的环境下才能实现超导特性，在此后一百年里，无数科学家尝试进行打破绝对零度的限制的试验，但都失败了. 直到中国天才少年曹原的研究成果出现才打破了这个僵局.

曹原1996年出生于四川成都，他从小就兴趣广泛，尤其喜欢拆解计算机和拿着望远镜仰望星空，家中都是被他拆解后的零件，为此他的父母专门为他建造了一个实验室，给他提供良好的实验环境. 2007年，他进入深圳耀华实验学校读书，仅用了3年的时间便自学完了小学、初中和高中的课程，他14岁时，以669分的高考成绩考入中科大少年班. 在少年班学习时，他把研究石墨烯超导作为自己毕生的志向，无数次的试验失败都没有让他失去信心. 18岁时，他前往麻省理工学院读博继续追求他的理想. 凭借坚强的毅力和勇气，年仅22岁的曹原在试验中取得了突破，他在论文中指出："当两层平行石墨烯堆成约1.1°的微妙角度时，就会产生神奇的超导效应."就是这个魔角让他破解了这个科学界百年难解的谜题.

石墨烯源自石墨. 石墨由多层碳原子组成，每层中的碳原子以蜂窝状的多个六边形排列在一起，如图1.14.1所示，每相邻两层之间的距离大约0.335纳米. 如果将石墨的多层结构剥离成一层一层的结构，得到的材料就是石墨烯. 由于石墨烯的特殊结构，它具有优异的力学、电学、磁学和热学性能，所以石墨烯改性一直都是研究的热点. 曹原的研究是把两层石墨烯堆叠在一起，然后通过旋转使两层产生不同的角度来研究其导电能力.当他把角度旋转到约1.1°，如图1.14.2所示，并且将温度降低至1.7开尔文（即比绝对零度高了1.7°，也就是-271.45℃）时，这种双层石墨烯材料表现出了超导现象，成为零电阻、完全抗磁性的超导体. 这表明，物质的几何结构的微小改变都可能引起物质某些性质的变化. 因此，关注物质的几何形态和位置关系，对我们认识物质特性是非常重要的.

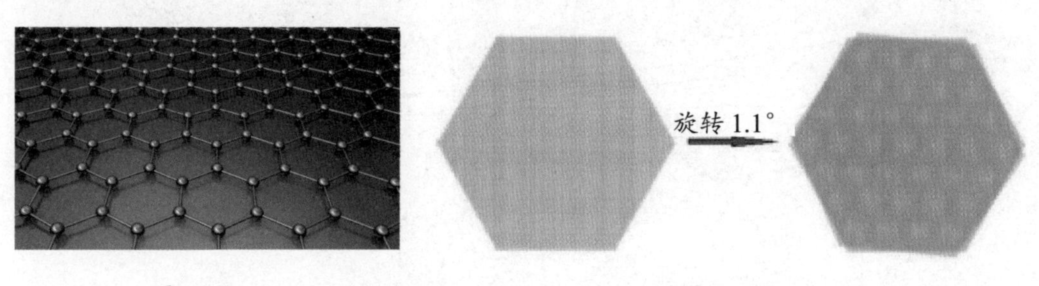

图 1.14.1　　图 1.14.2

曹原制备出的石墨烯超导体属于低温超导体，其超导临界温度远低于冰点0℃，所以这种材料不是室温超导体. 但曹原的研究只需简单操作，无须引入其他物质，就能使石墨烯出现超导现象. 对于这种双层石墨烯超导体的深入研究，将为非低温超导体甚至室温超导体的研究指明方向. 如果能制造出室温超导体，这必将对现代文明产生深远影响. 这正是曹原研究的意义，也是他的研究成果备受科学界关注的原因.

第 2 章　最短线的巧应用

形的直观富有吸引力，它揭示了日常生活中似乎微不足道的小事背后的“大道理”……用几何方法寻求最优解常显得精巧无比，乐趣无穷.

——摘自一位数学老师的教学体会

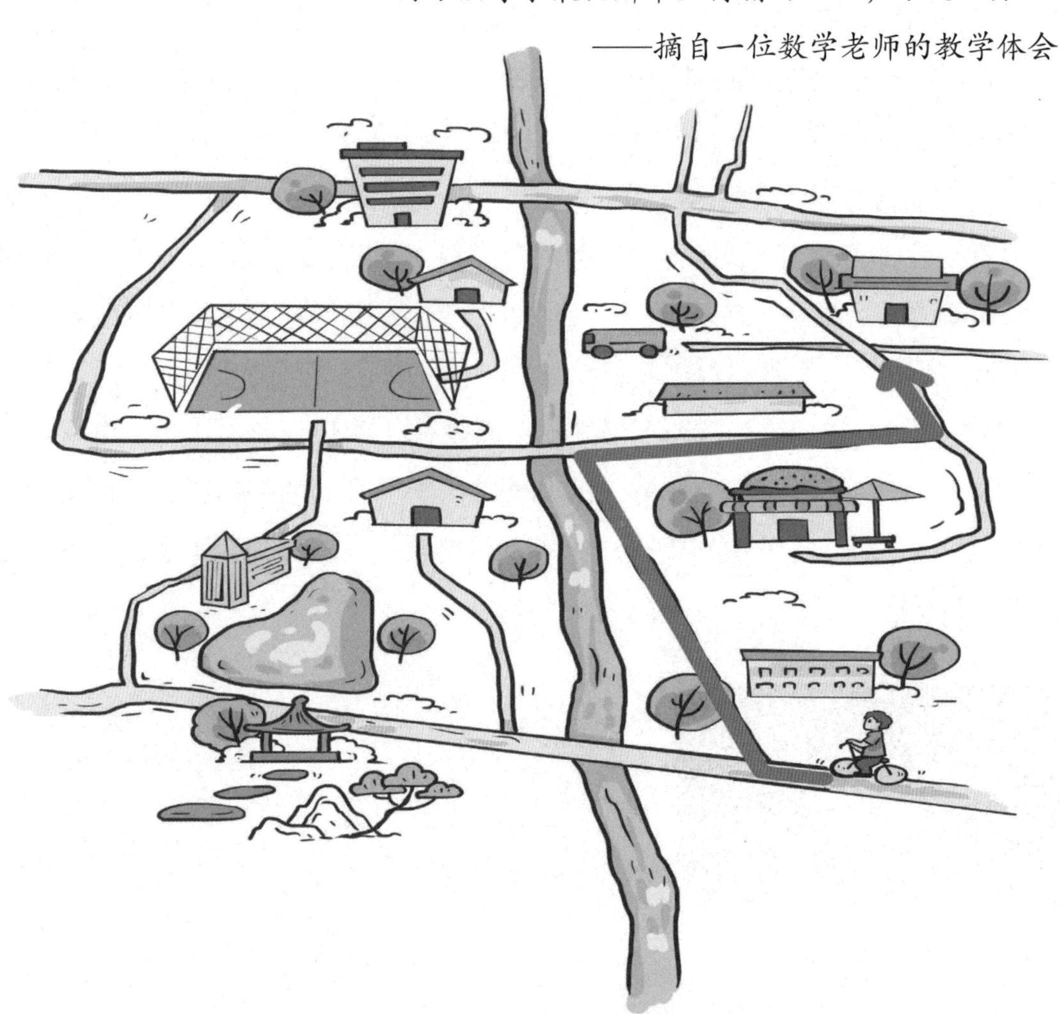

今天，请数学科普作家李教授谈“最短线的巧应用”.

李教授开场直点主题：“在平面几何中所谓的‘最短线原理’是指：

（1）两点之间的线段最短. 由它派生的三角形不等式是，三角形两边之和大于第三边，两边之差小于第三边.

（2）在过直线外一点连接直线上各点的线段中，直线的垂线段最短.”

1. 架桥问题

1956年北京、上海数学竞赛委员会提供的“问题集”中都有如下一个问题：

设A，B两镇分别在河R的两岸，如图2.1.1所示，假设河R的宽度是一定的. 现在想在河上垂直于河岸修一座桥，问桥应该修在什么地方，才能使从A镇经过桥到B镇的路程最短？

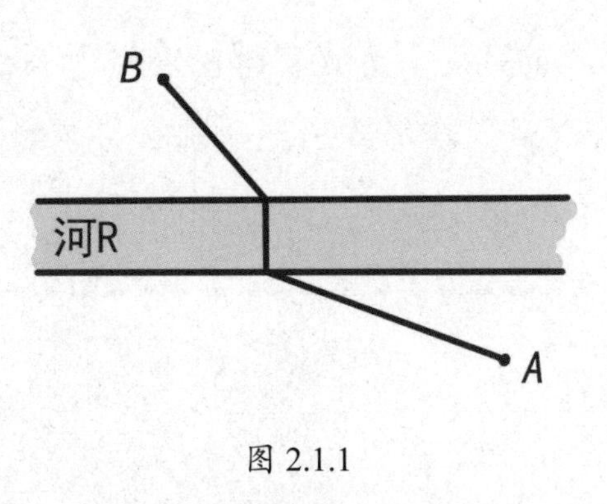

图 2.1.1

分析：由于河R的宽度一定，桥又垂直于河岸，所以桥长为定值d. 假设河岸为两平行直线m，n，设桥架在CD处，则要使$BC + CD + DA$最短，只需$BC + DA$最短. 我们假想B点和直线m所在的半平面向下平移距离d，这时直线m与直线n重合，C点与D点重合，B点到了点B_1的位置.于是只需B_1D+DA最短即可，但两点之间以线段最短，所以D点应是AB_1与直线n的交点. 于是桥的位置即可确定.

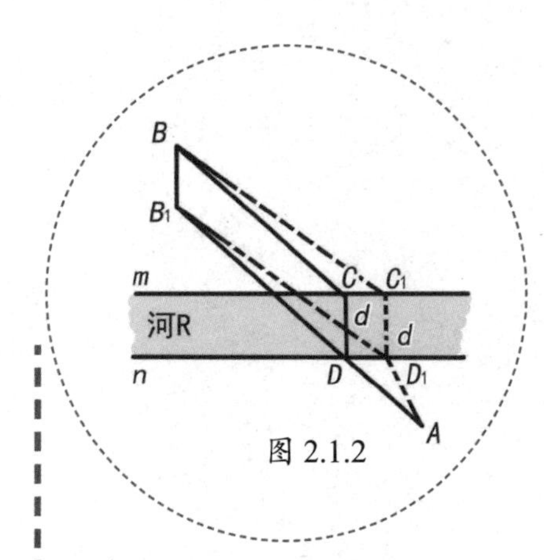

图 2.1.2

作法：B 点向下平移距离 d 到点 B_1，连接 AB_1 交直线 n 于点 D. 过 D 作直线 n 的垂线交直线 m 于 C，连接 BC，则 CD 即为桥的位置，如图 2.1.2 所示，且使 $BC+CD+DA$ 最短 .

证明：设在另外的地点垂直于河岸架桥 C_1D_1，连接 BC_1，B_1D_1，D_1A，则 $BB_1 \underline{\parallel} C_1D_1$，所以 $BB_1D_1C_1$ 为平行四边形，有 $BC_1=B_1D_1$. 由于 $B_1D_1+D_1A>B_1A$，即 $BC_1+D_1A>B_1A \Rightarrow BC_1+C_1D_1+D_1A>BC+CD+DA$. 因此，$CD$ 为所要求（使 $BC+CD+DA$ 最短）的桥的位置.

本题是用最基本的几何不等式来解极值问题. 一般说来，若证得的不等式以“≥”或“≤”的形式出现，那么寻求等号成立的几何条件就会得到相应的几何极值.

2. 蜘蛛抓苍蝇

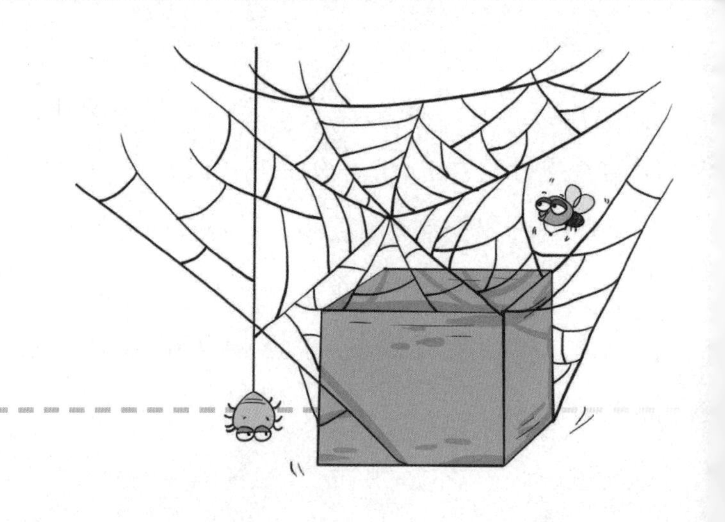

李教授举起一块正方体木块模型，指点着说：“在边长为1的正方体木块相对（彼此距离最远）的顶点处分别有一只苍蝇和一个蜘蛛，如图2.2.1所示. 蜘蛛爬到苍蝇处怎样爬路程最短？请说明理由.

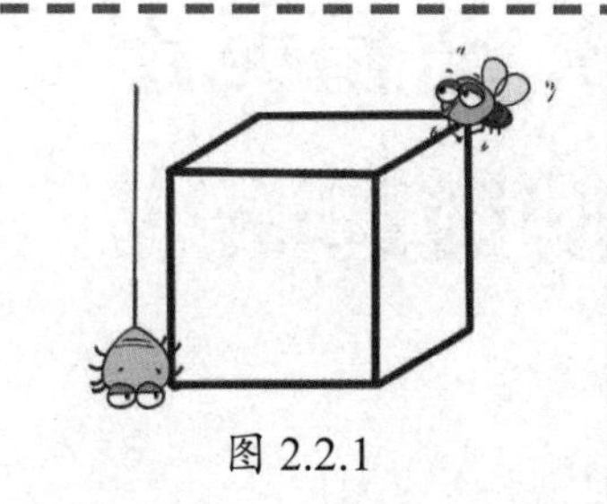

图 2.2.1

这确实是个有趣的问题. 因为蜘蛛只能沿着正方体侧面爬行，不同的侧面在不同的平面上，因此在解本题时作出正方体侧面展开图是有帮助的，在展开图中标出苍蝇和蜘蛛的位置，如图2.2.2所示，用直线连接这两个点将找到最短距离. 有趣的是，蜘蛛爬到苍蝇处有6种不同的方法选取最短路径，其中每条路径都是连接正方体相邻两侧面构成的1×2长方形的一条对角线.

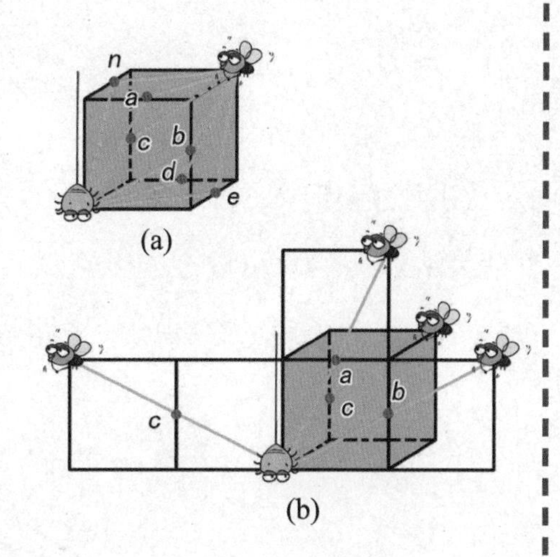

(a)

(b)

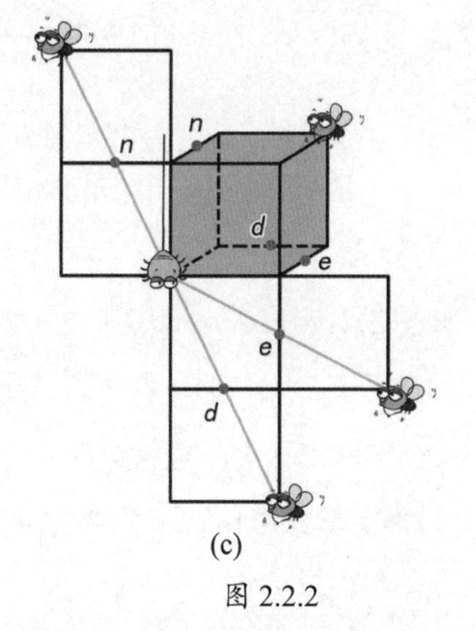

(c)

图 2.2.2

容易看出，蜘蛛爬到苍蝇处的最短路径长是$\sqrt{1^2+2^2}=\sqrt{5}$.

李教授进一步提出新的问题请大家思考：

如图2.2.3所示的长方体木块，长、宽、高分别是2, 4, 8. 相对（彼此距离最远）的顶点处分别有一只苍蝇和一个蜘蛛. 蜘蛛爬到苍蝇处的最短路程是多少？

（答：求出$2\sqrt{29}, 2\sqrt{37}, 10$三个值比较得最段路程是10）.

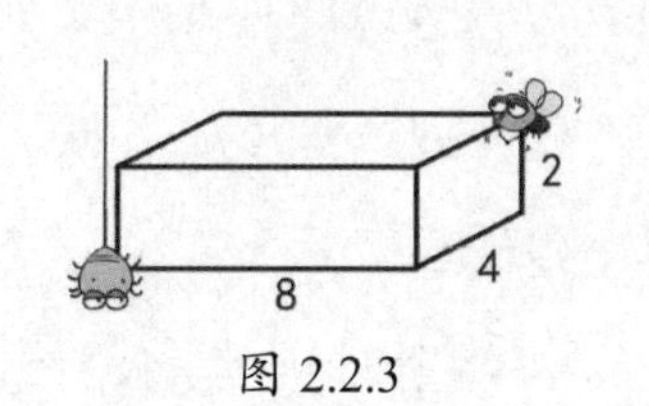

图 2.2.3

3. 蓝精灵走的最短路线

如图2.3.1所示，蓝精灵在$\angle AOB$（$\angle AOB$=30°）内部的P点，已知PO=1米. 蓝精灵从点P走到OA边上的一点D，即刻返身走到OB边的一点E，然后从点E走回到点P. 蓝精灵走的路线的最短路程是多少米？

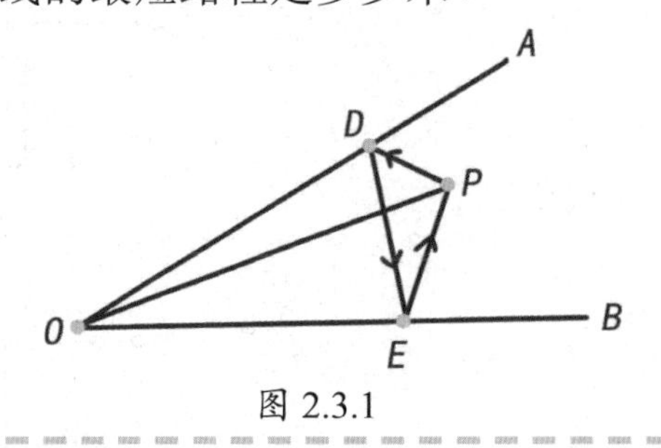

图 2.3.1

解：蓝精灵走的最短路线是由3条线段组成的三角形.

如图2.3.2所示，作P关于OA的对称点P_1，作P关于OB的对称点P_2，连接P_1P_2，交OA于D，交OB于E，连接PD、PE，则蓝精灵走的路线的最短路程是$\triangle PDE$的周长.

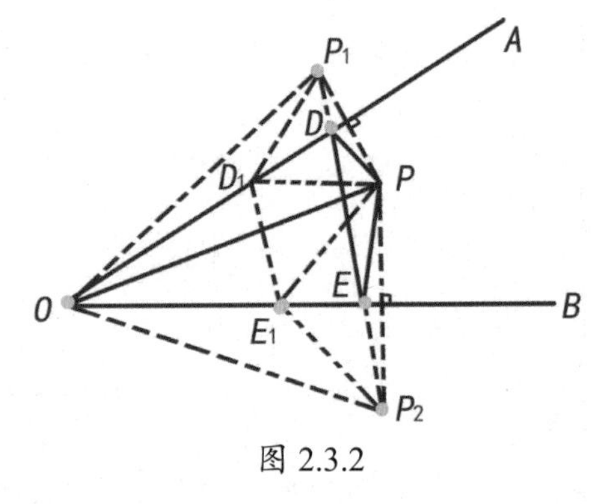

图 2.3.2

由对称性知，$OP_1=OP_2=OP=1$，$\angle P_1OP_2=2\times\angle AOB=2\times30°=60°$，$\triangle P_1OP_2$是等边三角形，$P_1P_2$=1. 因此$PD+DE+EP=P_1D+DE+EP_2=P_1P_2=1$（米）.

假设蓝精灵走的是$\triangle PD_1E_1$，则$PD_1+D_1E_1+E_1P>P_1P_2=P_1D+DE+EP_2=PD+DE+EP$.

答：蓝精灵走的路线的最短路程是1米.

4. 3个精灵相会

我们再看一道3个精灵相会的问题，李教授打趣地说：“如图2.4.1所示，3个精灵住在平面上不共线的3个不同地点，它们的行走速度分别为每小时1千米、2千米和3千米. 试问，应当在什么位置选择一个会面地点，使得它们由住处（沿直线）到达会面地点所需时间之和最短？”

假设第一个精灵的住处为A，第二个精灵的住处为B，第三个精灵的住处为C. 它们的行走速度分别为：第一个精灵每小时1千米，第二个精灵每小时2千米，第三个精灵每小时3千米.

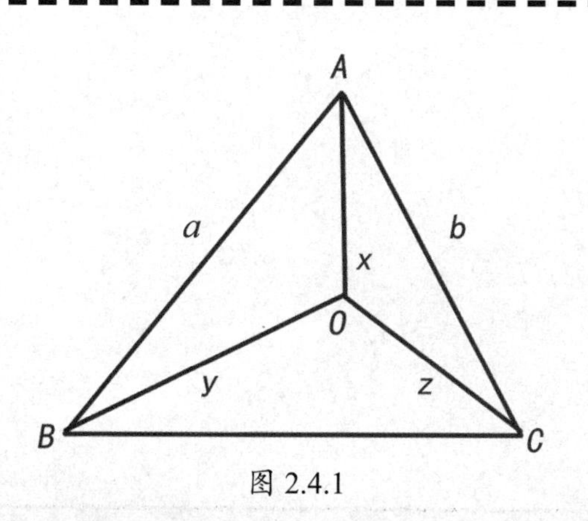

图 2.4.1

又设会面地点为O，$OA=x$，$OB=y$，$OC=z$，$AB=a$，$AC=b$.

由$OA+OB\geqslant AB$，得$a\leqslant x+y$.

这样对第二个精灵而言，有$\frac{a}{2}\leqslant\frac{x}{2}+\frac{y}{2}$（当$O$在$AB$上等号成立）.

对第三个精灵而言，有$\frac{b}{3}\leqslant\frac{x}{3}+\frac{z}{3}$（当$O$在$AC$上等号成立）.

相加得，$\frac{a}{2}+\frac{b}{3}\leqslant\frac{5x}{6}+\frac{y}{2}+\frac{z}{3}\leqslant x+\frac{y}{2}+\frac{z}{3}$，并且仅当$x=0$时等号成立，而此时$O$点恰与$A$点重合. 即会面处选择第一个精灵的住处$A$，它们行走所需的时间之和最短.

A处精灵虽然不用行路，但是需要精心准备招待客人！

5. 耗油最少问题

“精灵相会是虚拟问题，我将它转换为有实际意义的问题.”李教授说.

甲、乙、丙3辆汽车分别从$\triangle ABC$的顶点A，B，C出发，选择一个地点相会（$AB=c$，$AC=b$，$BC=a$）. 每辆车沿直线行走到相会地点，3辆车的单位路程耗油量分别为$\frac{1}{3}$，$\frac{1}{6}$，$\frac{1}{8}$.要使3辆车行驶所用的油量之和最少，相会地点应选在何处？最少耗油量是多少？（用a，b，c表示）

“大家一定可以解决这个问题.”李教授信心满满地说.

不一会，同学们便抢着举手发言，李教授高兴地请坐在第一排的小强发言.

小强说：“本题与3个精灵相会是同一个模型. 如图2.5.1所示，设会面地点在O.”

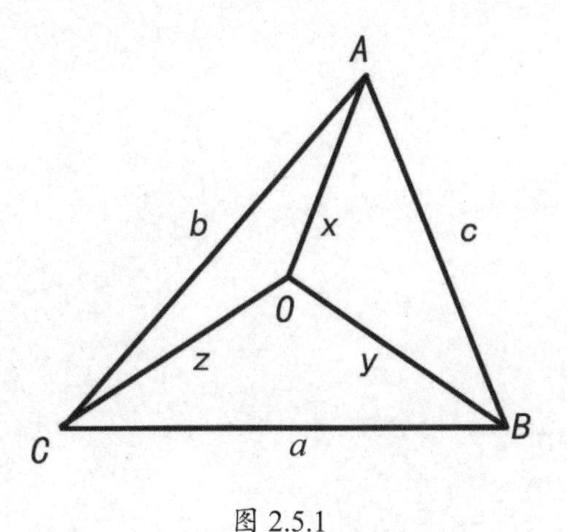

图 2.5.1

$OA=x$，$OB=y$，$OC=z$，$x+y\geqslant c$，所以$\frac{x}{6}+\frac{y}{6}\geqslant\frac{c}{6}$（$O$在$AB$上时取等号）；

$x+z\geqslant b$，所以$\frac{x}{8}+\frac{z}{8}\geqslant\frac{b}{8}$（$O$在$AC$上时取等号）；

所以$\frac{7}{24}x+\frac{y}{6}+\frac{z}{8}\geqslant\frac{c}{6}+\frac{b}{8}$（$O$在$AB$和$AC$的交点$A$处时取等号）；

又$\frac{x}{3}+\frac{y}{6}+\frac{z}{8}=\frac{8x}{24}+\frac{y}{6}+\frac{z}{8}\geqslant\frac{7x}{24}+\frac{y}{6}+\frac{z}{8}\geqslant\frac{c}{6}+\frac{b}{8}$（当$x=0$时，即$O$取在$A$点时取等号）.

所以相会地点选在A点3辆车在路上所用的油量之和最少，最少油量为$\frac{c}{6}+\frac{b}{8}$.”

小强深有体会地说：“解决数学应用题首先要分析题意，建立数学模型，会解一个数学模型其实可以解决同类的一批问题. 数学老师经常将模型用有趣的形式包装起来，是为了激发我们的学习兴趣，普及数学知识，犹如鸡兔同笼、龟兔赛跑问题，使抽象的数学问题变成有趣的课题.”

6. 台球桌上的问题

大家都看过打台球的场面，至少从电视上看到过台球比赛的场面. 其实打台球也需要数学知识，给大家看一道台球桌上的问题.

在矩形台球桌$ABCD$上，放有两个球P和Q，恰有$\angle PAB$和$\angle QAD$相等，如图2.6.1所示. 如果打击台球P使它撞在AB边上的M点反弹后撞到台球Q，其路线记为$P \to M \to Q$；如果打击台球Q使它撞在AD边上的N点反弹后撞到台球P，其路线记为$Q \to N \to P$. 证明：$P \to M \to Q$与$Q \to N \to P$的路线长度相等.

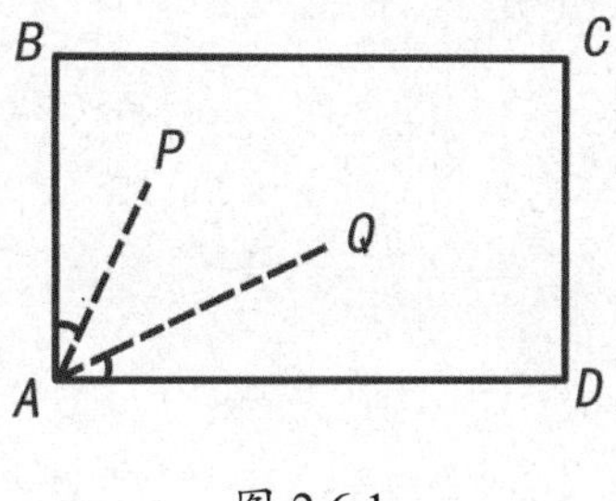

图 2.6.1

证明：台球P撞AB边于M点反弹打到Q满足$\angle PMB = \angle QMA$，作$P \xrightarrow{S(BA)} P_1$，连接$P_1Q$交$BA$于点$M$，则$P \to M \to Q$为台球$P$的路线.

再作$Q \xrightarrow{S(AD)} Q_1$，连接$PQ_1$交$AD$于点$N$，则$Q \to N \to P$为台球$Q$的路线，如图2.6.2所示.

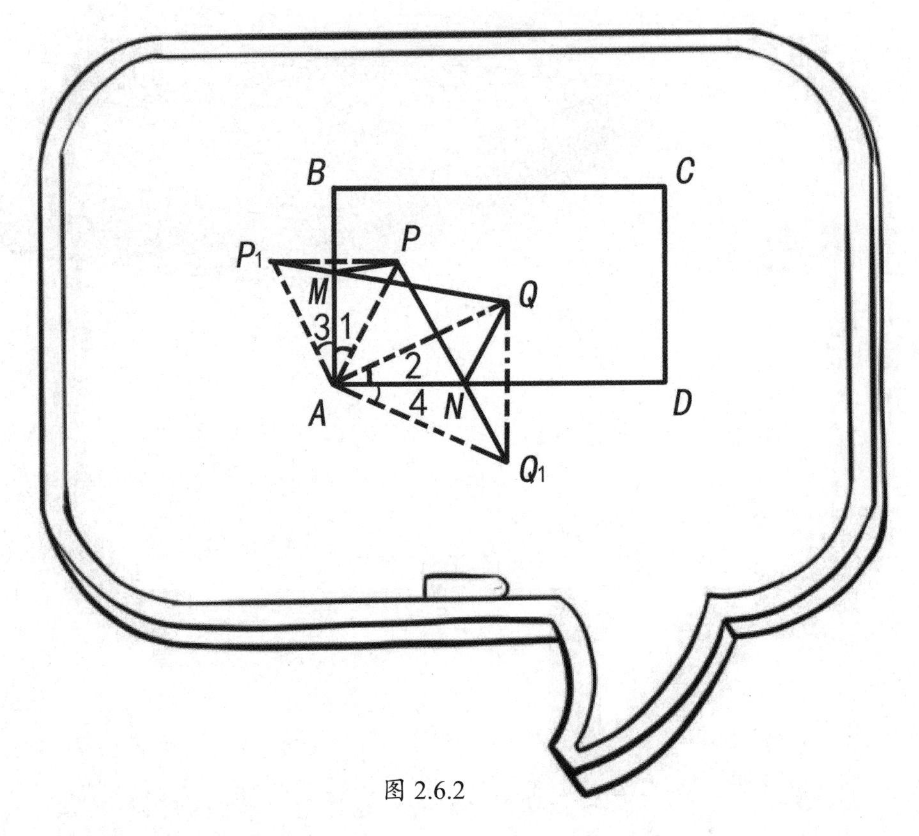

图 2.6.2

由对称性知，$P_1A=PA$，$Q_1A=QA$. 注意已知条件“$\angle PAB$ 和 $\angle QAD$ 相等”，因此有 $\angle 3=\angle 1=\angle 2=\angle 4$.

$$PM+MQ=P_1M+MQ=P_1Q,\quad QN+NP=Q_1N+NP=Q_1P.$$

因此，要证 $P\to M\to Q$ 与 $Q\to N\to P$ 的路线长度相等，即证明$PM+MQ=QN+NP$，也就是证明$P_1Q=Q_1P$.

在$\triangle P_1AQ$ 与$\triangle PAQ_1$ 中，

因为$P_1A=PA$，$QA=Q_1A$，$\angle P_1AQ=\angle 3+\angle BAQ=\angle 2+\angle BAQ=90^\circ$，

而$\angle PAQ_1=\angle PAD+\angle 4=\angle PAD+\angle 1=90^\circ$，所以$\angle P_1AQ=\angle PAQ_1$.

所以 $\triangle P_1AQ\cong\triangle PAQ_1$（SAS），有$P_1Q=PQ_1$.

所以，$P\to M\to Q$ 与 $Q\to N\to P$ 的路线长度相等.

光线折射、打台球反弹都有入射角等于反射角的性质，因此都与轴对称有联系.

7. 最小值问题

我们再看一道最小值的问题，李教授又亮出了题板.

如图2.7.1所示，$\angle POQ=30^\circ$. A为OQ上的一点，B为OP上的一点，且$OA=5$，$OB=12$，在OB上取点A_1，在AQ上取点A_2. 设$l=AA_1+A_1A_2+A_2B$. 求l的最小值.

我们先分析题意，要求$l=AA_1+A_1A_2+A_2B$的最小值，我们设法将AA_1，A_1A_2，A_2B变位后与一条固定的线段相比较，利用“两点之间直线段最短”的原理来求解. 再由30°角为90°角的$\frac{1}{3}$，可以设想沿OP，OQ分别使$\angle POQ$向角的外侧反射，形成一个90°的角，为问题的解答创设条件.

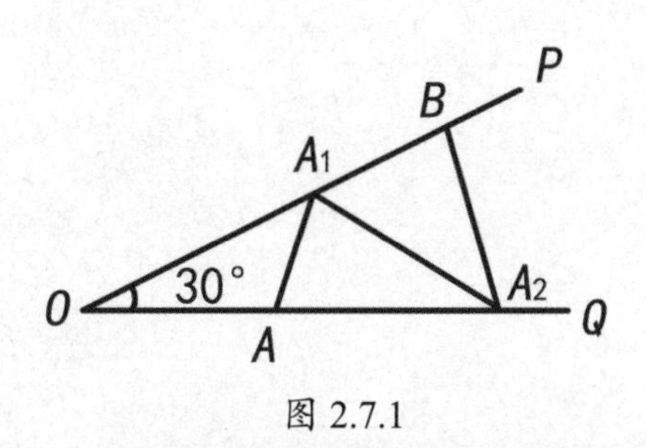

图 2.7.1

解：如图2.7.2所示，作$\angle POQ \xrightarrow{S(OP)} \angle POQ_0$；再作$\angle QOP \xrightarrow{S(OQ)} \angle QOP_0$. 这时，$A$点关于$OP$的对称点为$OQ_0$上的$A_0$点，$B$点关于$OQ$的对称点为$OP_0$上的$B_0$点. $OA_0=5$，$OB_0=12$，$\angle AOB_0=90°$. 由对称性知，$A_0A_1=AA_1$，$B_0A_2=BA_2$.

所以$l=AA_1+A_1A_2+A_2B=A_0A_1+A_1A_2+A_2B_0 \geqslant A_0B_0$.

因此l的最小值为A_0B_0的长.

问题归结为：在$\triangle A_0OB_0$中，$OA_0=5$，$OB_0=12$，$\angle A_0OB_0=90°$，求A_0B_0.

依据勾股定理得，$A_0B_0^2=OA_0^2+OB_0^2=5^2+12^2=169$.

因此$A_0B_0=\sqrt{169}=13$. 所以，l的最小值为13.

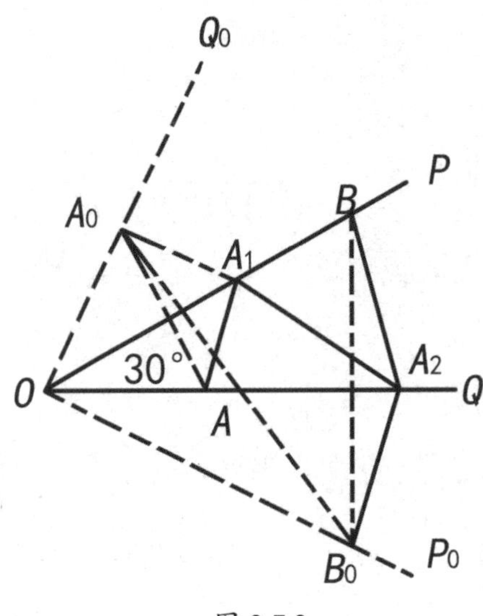

图 2.7.2

8. 费尔马点问题

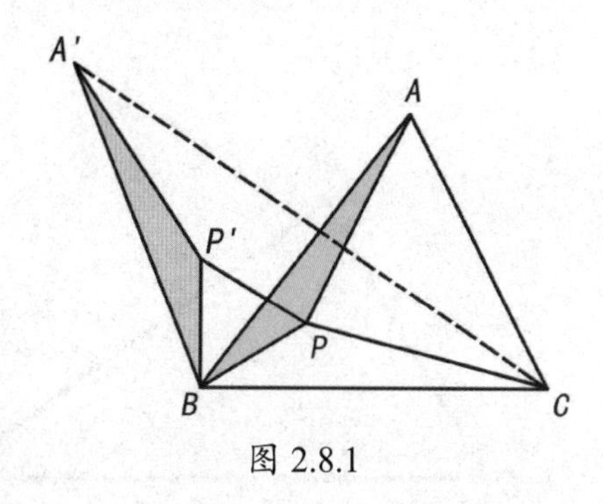

图 2.8.1

下面看一道历史名题——费尔马点问题.

在$\triangle ABC$中，最大角小于$120°$. 试在$\triangle ABC$内取一点P，使得P到三个顶点距离之和$PA+PB+PC$为最小.

解：设P为$\triangle ABC$内任一点，把$\triangle ABP$绕B点沿逆时针方向旋转$60°$，P转到P'，A转到A'，如图2.8.1所示.

因为$\angle PBP'=60°$，$BP=BP'$，所以$\triangle BPP'$是正三角形. $PP'=PB$，$AP'=AP$.

$$AP+BP+CP=A'P'+P'P+PC\geqslant A'C.$$

因为A'，C都是定点，所以$A'C$是$PA+PB+PC$的最小值，这个最小值当且仅当C，P，P'，A'共线时达到.

而在C，P，P'，A'共线时，$\angle CPB=180°-\angle BPP'=120°$，$\angle APB=\angle A'P'B=180°-\angle PP'B=120°$.

因此，P点是以BC为弦、含$120°$角的位于$\triangle ABC$内的弓形弧与以AB为弦、含$120°$角的位于$\triangle ABC$内的弓形弧的交点. 这个点就是著名的费尔马点. 反过来，如果P是费尔马点，根据图中所示，$\angle CPB+\angle P'PB=120°+60°=180°$.

因此C，P，P'共线.

同理，$\angle A'P'B'+\angle BP'P=\angle APB+\angle BP'P=120°+60°=180°$，所以$A$，$P'$，$P$共线，因此$A'$，$P'$，$P$，$C$共线.

P点一定是$PA+PB+PC$取得最小值的点，P点被称为费尔马点.

9. 集市设点问题

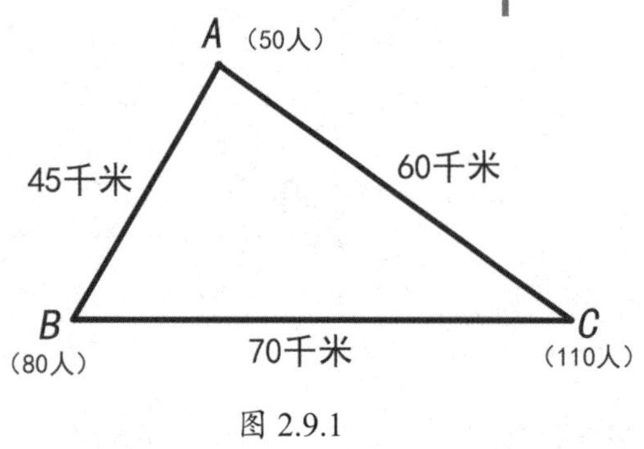

图 2.9.1

3个村庄分别居住的人数、两村之间的距离的数据如图2.9.1所示. 现要建立一个中心集市P，要使各村所有人到P点走的路程总和最少，问集市P的位置如何确定？

如图2.9.2所示，我们应用力学中的势能极小原理来确定集市P的位置. 物体由高处下落时的势能$E=Wh$，物体总会落到最低位置使势能最小时整体达到平衡.

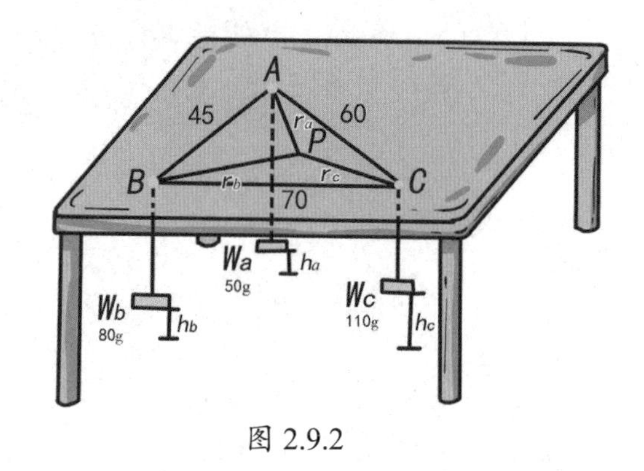

图 2.9.2

$$E=W_ah_a+W_bh_b+W_ch_c \text{，又} h_a=r_a+h-l_a,\quad h_b=r_b+h-l_b,\quad h_c=r_c+h-l_c,$$

其中，l_a为过A的绳线的长，l_b为过B的绳线的长，l_c为过C的绳线的长，h为桌面到地面的距离.

$$E=W_ar_a+W_br_b+W_cr_c+\left[(W_a+W_b+W_c)h-W_al_a-W_bl_b-W_cl_c\right]$$

其中方括号内的$+\left[(W_a+W_b+W_c)h-W_al_a-W_bl_b-W_cl_c\right]$为定值，整体处于平衡状态时$E$最小，则$W_ar_a+W_br_b+W_cr_c$也最小. 因此，按上述方法我们可以正确地选到集市$P$的位置.

10. 最短网络与肥皂泡实验

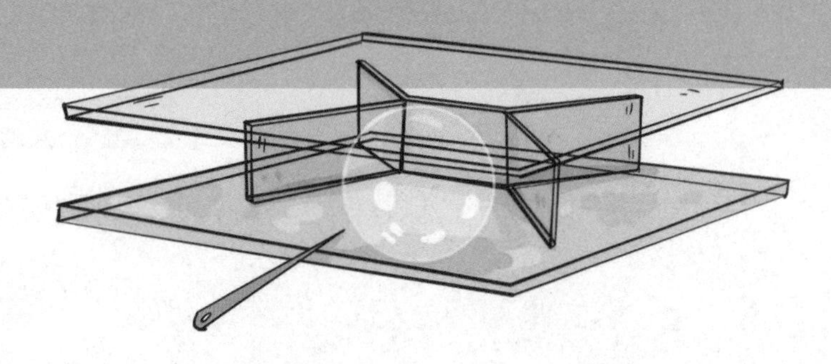

某地有4个城镇A，B，C，D，它们的位置恰好构成边长为10千米的正方形的4个顶点. 如果4个城镇决定建造光缆通信网络，如何建造才能使光缆的总长度最短，从而使建造费用最省？

人们提出了如图2.10.1所示的5种方案进行比较.

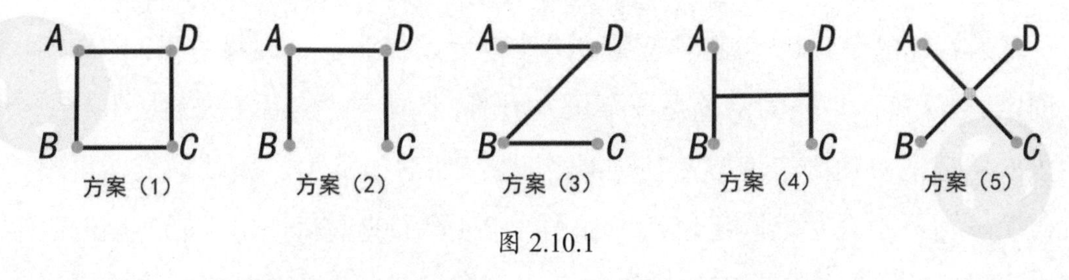

图 2.10.1

方案（1）：光缆总长40千米；

方案（2）：光缆总长30千米；

方案（3）：光缆总长$20+10\sqrt{2}\approx 34$千米；

方案（4）：光缆总长30千米；

方案（5）：光缆总长$20\sqrt{2}\approx 28$千米.

看来方案（5）是比较好的方案了，还有没有更好的方案呢？此时有人在方案（5）的基础上提出了方案（6）.

如图2.10.2所示，设AC，BD相交于O点，分别作$\triangle ABO$和$\triangle CDO$的费尔马点E和F，则AE，BE，EF，CF，DF组成的网络长度可这样计算：

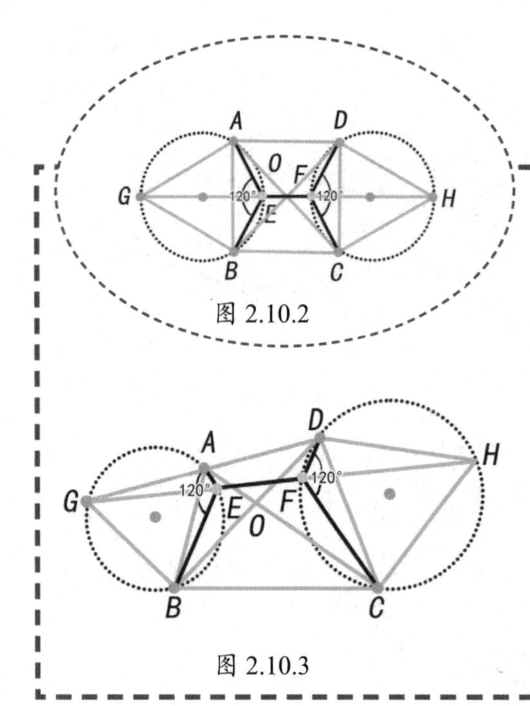

图 2.10.2

图 2.10.3

设 $AE=BE=CF=DF=\frac{10\sqrt{3}}{3}$，

所以 $EF=10-\frac{10\sqrt{3}}{3}=10(1-\frac{\sqrt{3}}{3})$.

因此光缆总长为

$$\frac{40\sqrt{3}}{3}+10-\frac{10\sqrt{3}}{3}=10\sqrt{3}+10\approx 27(\text{千米}).$$

可见，计算证明这个方案更好. 这个方法同样适用于一般的凸四边形，如图2.10.3所示.

更为有趣的是，用“肥皂泡实验法”也可以找到这个网络方案. 在玻璃板上固定4根小棒，小棒的位置是一个正方形的4个顶点，然后在玻璃板上吹一个大大的肥皂泡，使肥皂泡覆盖住这4根小棒，然后压上另一块玻璃板，再用针挑破肥皂泡，于是肥皂膜迅速形成如图2.10.4所示的形状，由于肥皂膜的收缩张力，形成的图形就是网络的最佳方案.“肥皂泡实验”为更复杂的网络最优化问题提供了一种解决方案.

1968年，有两位美国数学家提出一个猜想. 用增加“结点”的办法，网络总长度可以减少的最大幅度是13.4%，这个比率，称为“斯坦纳比”. 这个猜想勾起许多数学家的兴趣，但公布后20多年，这个猜想一直没有得到证明，也就成了公认的难题.

1987年，美国贝尔电话公司在计算费用时，遇到过类似的问题. 我国数学家——中科院应用数学所的堵丁柱研究员从1990年起和贝尔实验室的黄光明合作，终于在1992年解决了这个问题，证明了这个猜想是正确的.《大不列颠百科全书1992年鉴》将这个成果列为这一年的6大数学成果的第一项.

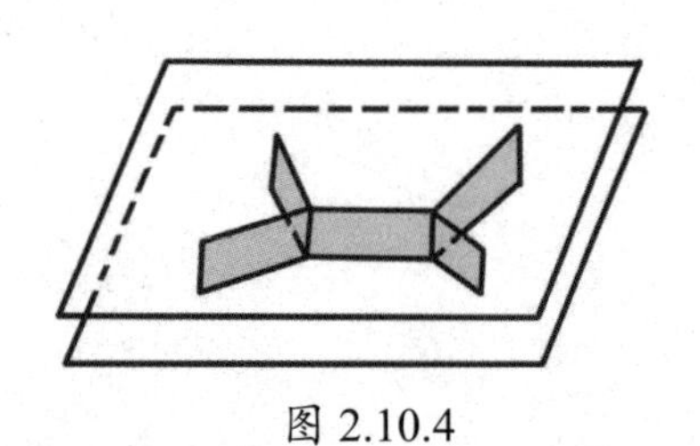
图 2.10.4

思考题：如图 2.10.5 所示，$ABCDEF$ 是凸六边形 . $BC = CD$，$EF = FA$，$\angle BCD = \angle EFA = 60°$. 设 G 和 H 是这个六边形内的两点，使得 $\angle BGD = \angle AHE = 120°$.

求证：$BG + GD + GH + HA + HE \geqslant CF$.

提示：这是一道 IMO 试题，仿任意四边形的网络图容易证明 .

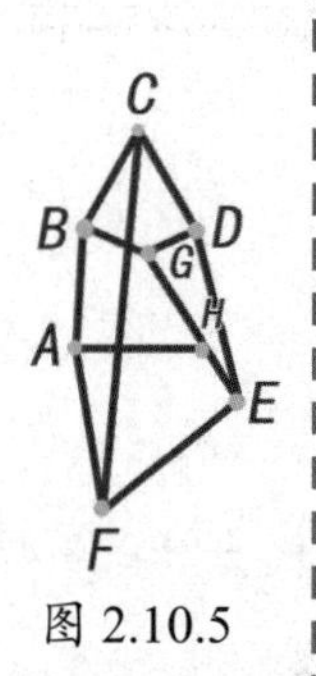

图 2.10.5

11. 设计公路方案

边长为2千米的正方形顶点处分别是4个村镇，现要统一规划公路，使得每两个村之间都有公路连通，且公路总长度小于5.5千米. 请你设计一个可行的方案.

仿照“最短网络与肥皂泡实验”的解法，易得设计方案.

设计方案：如图2.11.1所示，以AD为底边，向形内作底角为30°的等腰△EAD；同法，以BC为底边，向形内作底角为30°的等腰△FBC，连接EF. 则线段AE，ED，EF，FB，FC形成的连接正方形4个顶点A，B，C，D的道路即为我们的设计方案.

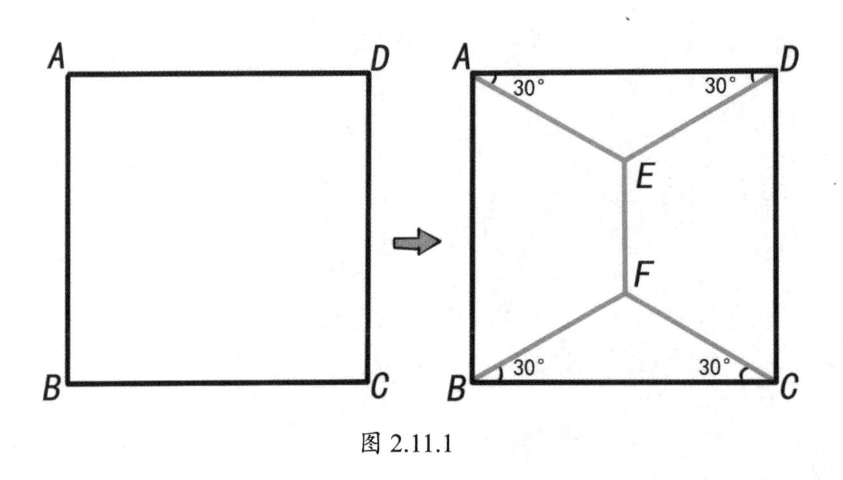

图 2.11.1

下面我们验证这个方案是否符合题设的要求.

验算：$AE=DE=BF=CF=\dfrac{2\sqrt{3}}{3}$，$EF=2-\dfrac{2\sqrt{3}}{3}$，

所以，总长度$=4\cdot\dfrac{2\sqrt{3}}{3}+(2-\dfrac{2\sqrt{3}}{3})=2+2\sqrt{3}<2+2\times1.74=5.48<5.5$，符合要求.

12. 悟空的跟斗

孙悟空高傲地称自己翻个跟斗可以到任何地方，佛祖听后对他说：“悟空，你从我站的佛台出发，第一步翻1公里，第二步翻2公里，第3步翻4公里，第4步翻8公里，以后每翻一步都是前一步翻的公里数的2倍，最后请你返回佛台，我等着你.”请问，按这样的翻跟斗规则，孙悟空能回到佛台吗？

分析：如图2.12.1所示，假设按题设的翻跟斗规则，孙悟空n步后能返回佛台F，则孙悟空前（$n-1$）步走的总路程是 $1+2+2^2+2^3+2^4+\cdots+2^{n-1}$，到某个地点$P$，然后第$n$步就要一步翻$2^n$公里由$P$直到$F$. 这能办得到吗？我们注意到，$1+2+2^2+2^3+2^4+\cdots+2^{n-1}=(2+2+2^2+2^3+2^4+\cdots+2^{n-1})-1=2^n-1$，前（$n-1$）步总路程小于$2^n$，所以，按题设的翻跟斗规则，孙悟空是不能回到佛台的.

这个例题告诉我们，对于数学与科学的探索是永无止境的，取得一点成绩也没有任何骄傲的理由！数学不但能使你增长智慧，而且能潜移默化地塑造你的灵魂，使你懂得厚德载物的道理.

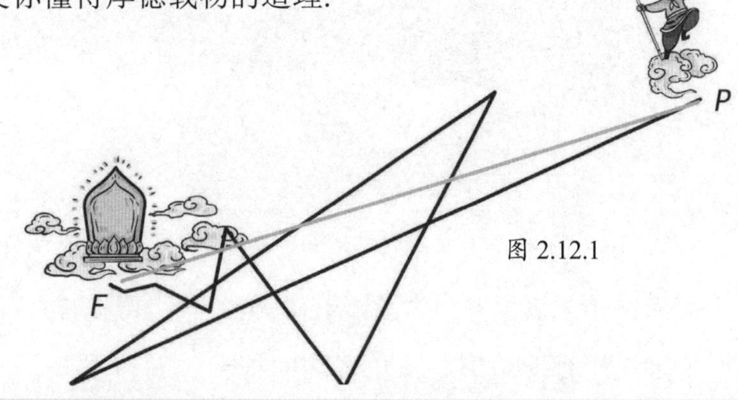

图 2.12.1

第 3 章　面积方法简妙奇

数学竞赛试题，通常是有一定的难度. 有趣的是，其中有些几何题，运用面积关系来解，竟显得平淡无奇了.

——张景中

今天，赵老师为大家作题目为“面积方法简妙奇”的报告.

大家在小学就学过计算图形的面积公式，可以按如下方式简单记忆.

梯形、平行四边形、三角形的面积=（上底+下底）×高÷2.

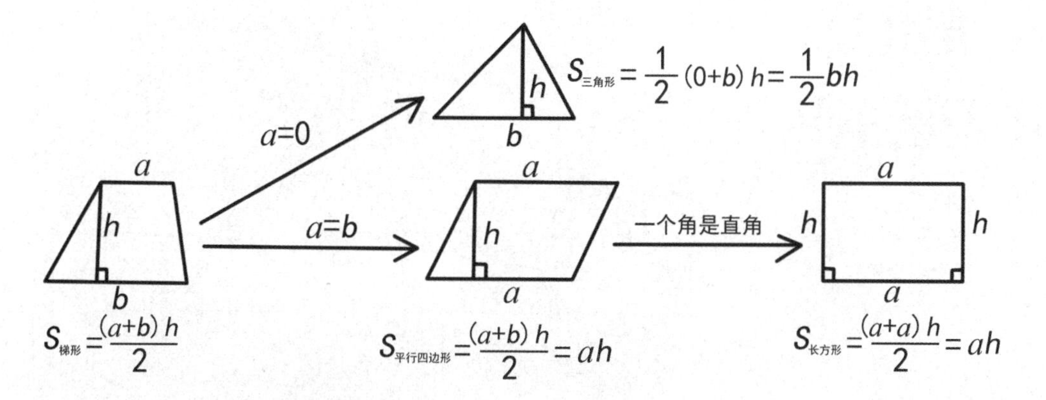

几种特殊图形的面积计算公式：

（1）已知斜边长为a，求等腰直角三角形的面积.

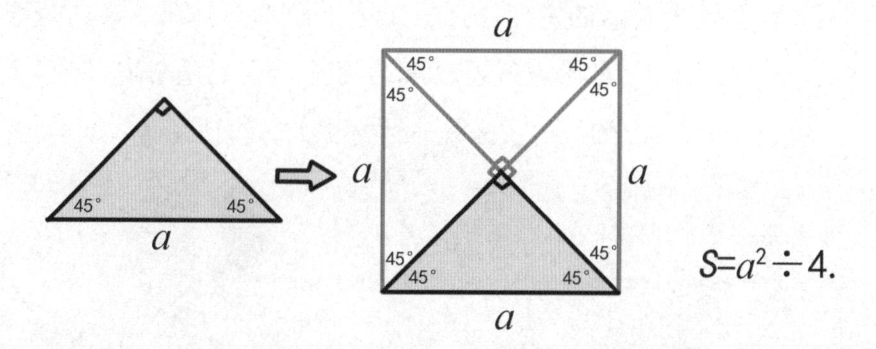

（2）两条对角线分别为a和b，且互相垂直的四边形的面积.

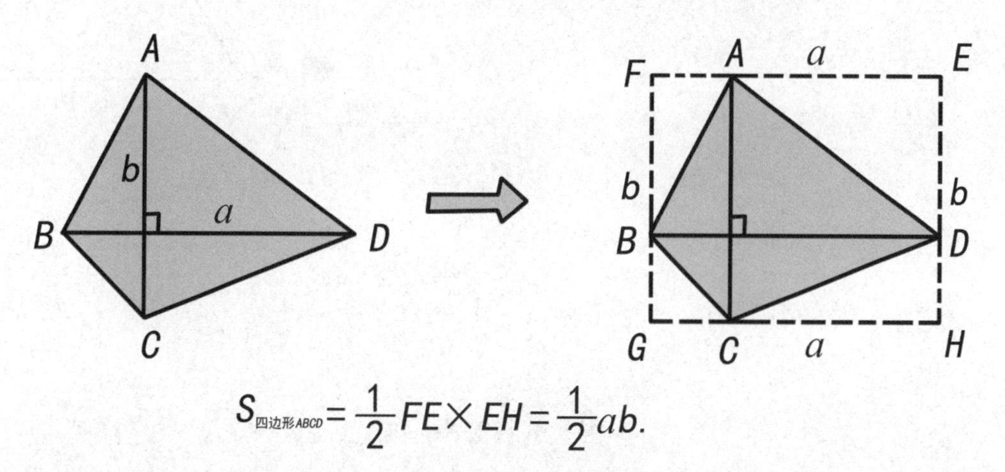

$$S_{四边形ABCD}=\frac{1}{2}FE\times EH=\frac{1}{2}ab.$$

再加上等积变形，面积 方法可以构成简单奇妙的解题画面.

1. 维维安尼定理的简证

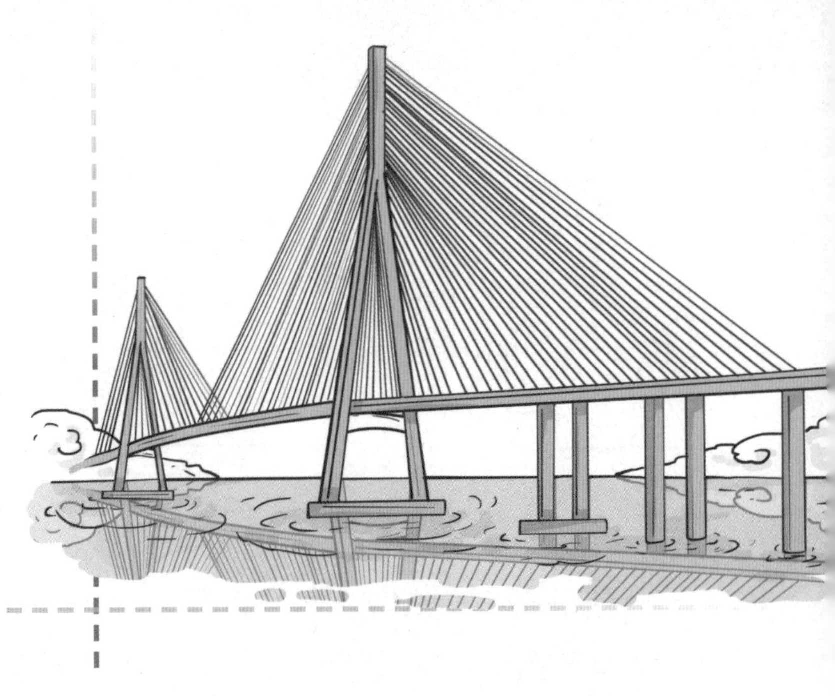

我们先证明一个著名的定理：正三角形内一点到三边距离之和等于定值.

这是一道流传极广的几何名题，其结论是“正三角形内一点P到三边距离之和等于这个正三角形的高h”.这就是著名的维维安尼（Viviani，意大利人，1622年—1703年）定理.

在诸种证法中，下面的证法最为简捷.

证明：如图3.1.1所示，连接PA，PB，PC，作高AH、$PH_1 \perp BC$于H_1，$PH_2 \perp AC$于H_2，$PH_3 \perp AB$于H_3.

图 3.1.1

设$AB=BC=CA=a$，$PH_1=h_1$，$PH_2=h_2$，$PH_3=h_3$，$AH=h$.

则$S_{\triangle ABC}=S_{\triangle APB}+S_{\triangle BPC}+S_{\triangle CPA}$，

即$\frac{1}{2}ah=\frac{1}{2}ah_3+\frac{1}{2}ah_1+\frac{1}{2}ah_2$，所以$h=h_1+h_2+h_3$，

也就是$PH_1+PH_2+PH_3=AH$为定值.

我们只是利用了三角形面积公式，得出一个面积等式，竟能这样简捷、漂亮地完成这个问题的证明. 面积方法给解证几何问题带来了许多便利.

2. 奔马图形的面积

赵老师举起一张图案，风趣地说："这是我按徐悲鸿奔马图临摹的. 如图3.2.1所示，网格中每个小正方格的面积为1平方厘米. 我在网格纸上画了一匹红鬃烈马的剪影，马的轮廓由小线段组成，小线段的端点在格子点上或在格线上. 请问这个剪影的面积为多少平方厘米？"

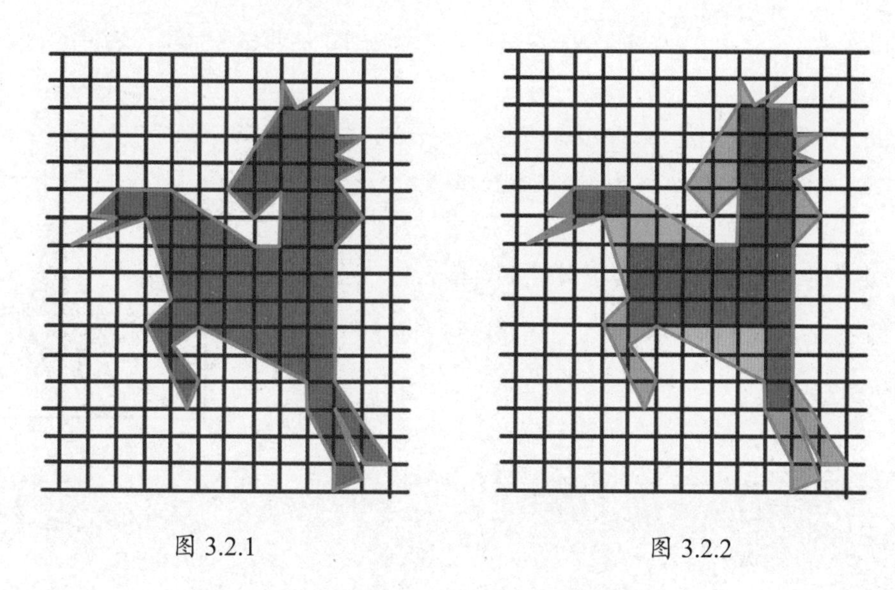

图 3.2.1　　图 3.2.2

这确实是一道有趣的求面积问题，直接计算有困难，我们可以分块计算.

如图3.2.2所示，将图中整方格的部分涂上红色，头部涂上橙色，臀部涂上绿色，马肚涂上黄色，后腿、前腿分别涂上蓝色，马尾涂上紫色. 这些部分可分别计算面积.

解：按颜色分块计算得，

红鬃烈马剪影的面积=红色33+橙色6.5+绿色4.5+黄色4+蓝色7.5+紫色1

= 56.5（平方厘米）.

答：红鬃烈马剪影的面积是56.5平方厘米.

3. 海豚logo

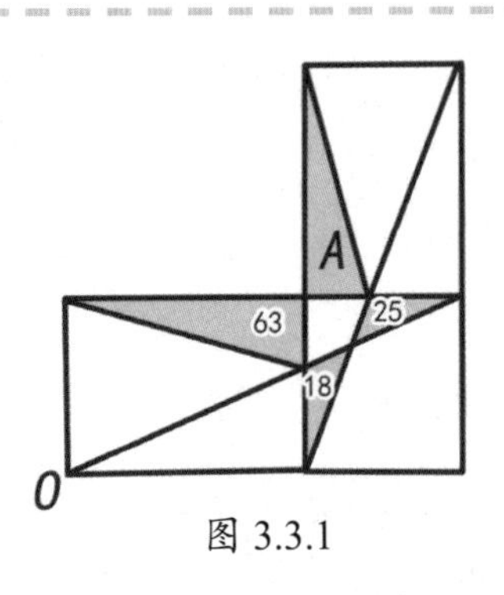

图 3.3.1

图3.3.1是某海豚保护组织采用的logo，该图案是依托3个相邻的长方形设计而成的. 已知表示海豚左右鱼鳍部分的阴影面积分别为63平方厘米和25平方厘米，表示下方尾鳍部分的阴影部分面积为18平方厘米，那么上方表示海豚头部的阴影区域A的面积是多少平方厘米？

图 3.3.2

赵老师引领大家做出了如下的解答.

解：如图3.3.2所示，将图中的交点标上字母. 易知

$$S_{\triangle MHQ}+S_{\triangle MNH}=\frac{1}{2}\times S_{长方形MNPQ}=S_{\triangle PQH}+S_{\triangle MNH}$$

所以，$S_{\triangle MHQ}=S_{\triangle PQH}$.

同理 $S_{\triangle ECL}+S_{\triangle ELF}=\frac{1}{2}\times S_{长方形ECPF}=S_{\triangle LCP}+S_{\triangle ELF}$，

所以，$S_{\triangle ECL}=S_{\triangle LCP}=\frac{1}{2}\times S_{长方形CPQD}=S_{\triangle PQH}$.

因此，$S_{\triangle HNQ}=S_{\triangle ECL}$.

也就是$63+B+25=A+B+18$，所以$A=70$.

4. 巧求面积

图3.4.1是由4张全等的直角三角形纸片与一张正方形纸片拼成的图形. 已知直角三角形的两条直角边的和等于9厘米，求拼成图形的面积.

小强给出了答案：81平方厘米.

理由：将左上、右下的两个直角三角形纸片如图3.4.2所示翻折后重新与正方形拼在一起，成为一个边长为9的大正方形，与原图形等积，所以原图形的面积为81平方厘米.

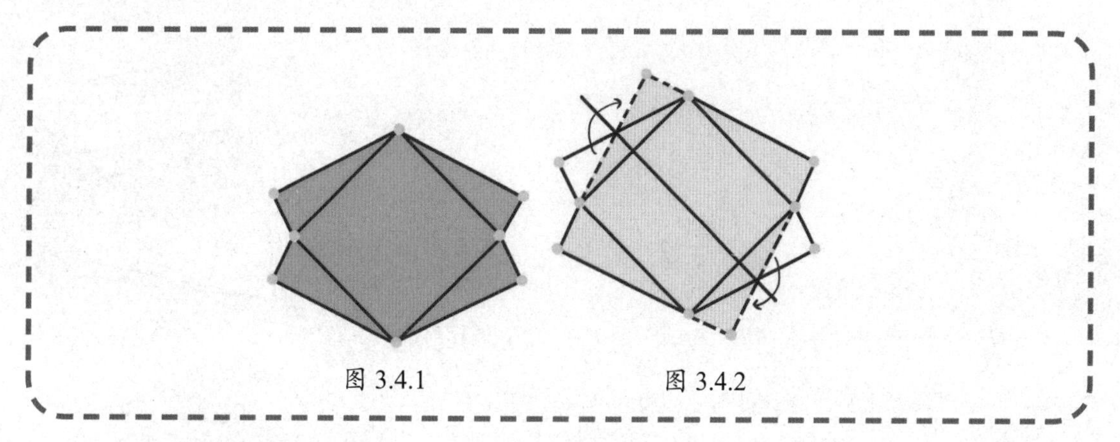

图 3.4.1　　图 3.4.2

小慧给出了另外的解法. 设直角三角形的两条直角边为a和b，斜边为c（也是正方形边长）.

由勾股定理得，$c^2=a^2+b^2$.

所以，4个直角三角形与正方形的总面积为

$$4\times\frac{1}{2}\times a\times b+c^2=2ab+a^2+b^2=\left(a+b\right)^2=9^2=81$$（平方厘米）.

5. 草地总面积

如图3.5.1所示，某个公园$ABCDEF$，M为AB的中点，N为CD的中点，P为DE的中点，Q为FA的中点，其中游览区$APEQ$与$BNDM$的面积和是900平方米，中间的湖水面积为361平方米，其余的部分是草地. 求草地的总面积是多少平方米. 赵老师刚读完题，小聪就给出了解答.

解：连接AE，AD，DB，如图3.5.2所示.

根据三角形的中线平分三角形的面积，知$S_{\triangle EQA}=S_{\triangle EQF}$；$S_{\triangle AEP}=S_{\triangle ADP}$；$S_{\triangle DBM}=S_{\triangle DAM}$；$S_{\triangle BND}=S_{\triangle BNC}$.

上述4个等式相加可得，$S_{游览区APEQ}+S_{游览区BNDM}=S_{\triangle EQF}+S_{\triangle BNC}+S_{四边形APDM}$.

因此，草地与湖水的面积之和恰为900平方米，其中湖水面积为361平方米，所以草地面积是$900-361=539$（平方米）.

三角形的中线平分三角形的面积，在面积证题中是非常有用的结论.

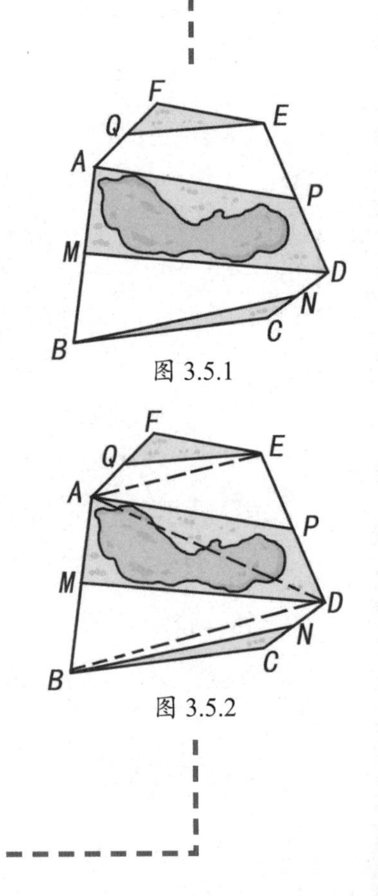

图 3.5.1

图 3.5.2

6. 张景中院士出题考小学生

长方形 $ABCD$ 的周长是16米，在它的每条边上各画一个以该边为边的正方形，如图3.6.1所示. 已知这四个正方形的面积之和是68平方米，求长方形 $ABCD$ 的面积.

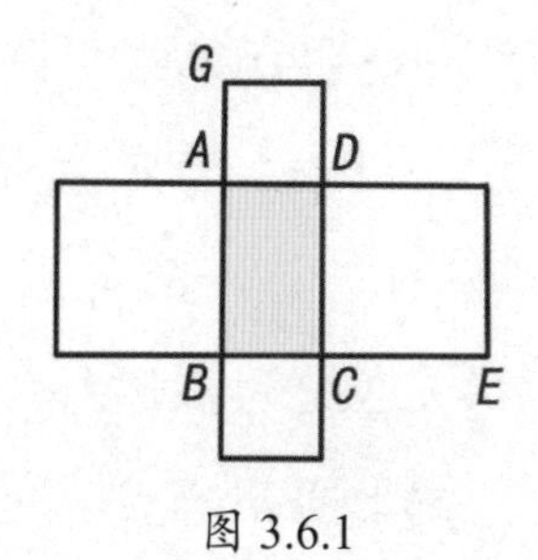

图 3.6.1

这是张景中院士为华罗庚金杯少年数学邀请赛出过的一道试题.

张景中院士非常关心数学教育和数学普及工作，为青少年写了许多数学科普读物，经常与小同学交流，是青少年的良师益友.

解：如图3.6.2所示，补成正方形 $GBEK$.

由正方形 $GBEK$ 的组成得，$2S_{四边形ABCD}+S_{四边形ADPG}+S_{四边形CDQE}=S_{四边形GBEK}$

即 $2S_{四边形ABCD}+34=8^2=64$，所以 $S_{四边形ABCD}=15$（平方米）.

答：长方形 $ABCD$ 的面积是15平方米.

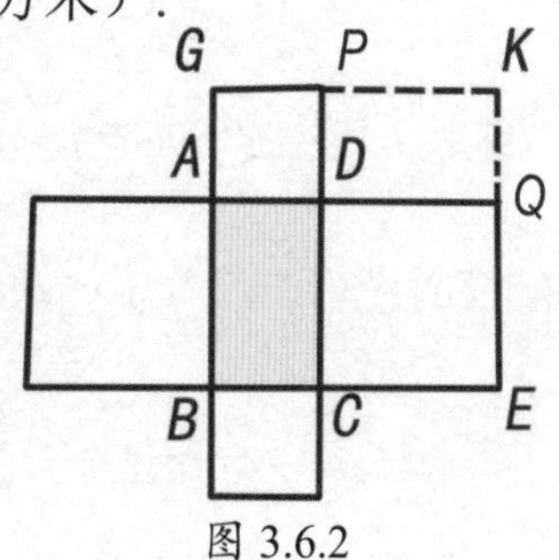

图 3.6.2

“这道题同样有代数的解法，留给大家课后思考吧！”赵老师说.

7. 一道面积证明题

小明在一张平面曲边薄板的边缘上选取5个点A，P，B，C，D，如图3.7.1所示，已知$AB//DC$且$AB=DC$. 连接PD交AB于E，连接PC交AB于F，连接EC. 请你证明：$S_{\triangle CEF}=S_{\triangle PAE}+S_{\triangle PBF}$.

这是笔者曾为“鹏程杯”数学竞赛出过的一道试题，这道题的特点是利用三角形面积公式，通过计算达到证明的效果.

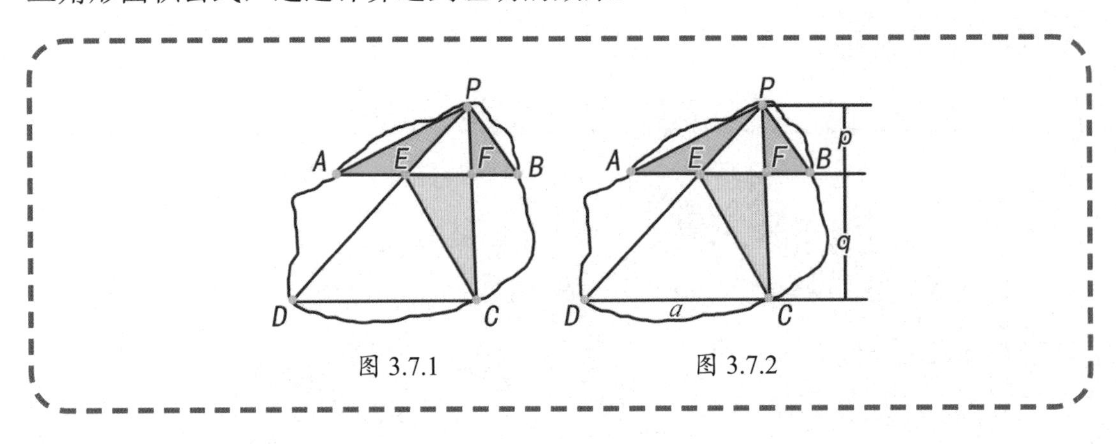

图 3.7.1　　图 3.7.2

证明：设$AB=DC=a$，点P到AB的距离$=p$，平行线AB和DC之间的距离$=q$. 如图3.7.2所示，则$S_{\triangle PAB}=\frac{1}{2}ap$，$S_{\triangle EDC}=\frac{1}{2}aq$，$S_{\triangle PDC}=\frac{1}{2}a(p+q)$.

而$S_{\triangle PDC}=\frac{1}{2}a(p+q)=\frac{1}{2}ap+\frac{1}{2}aq=S_{\triangle PAB}+S_{\triangle EDC}$，所以，$S_{\triangle PDC}-S_{\triangle EDC}=S_{\triangle PAB}$，

即$S_{\triangle PEC}=S_{\triangle PAB}$.

也就是$S_{\triangle PEF}+S_{\triangle CEF}=S_{\triangle PAE}+S_{\triangle PEF}+S_{\triangle PBF}$，所以$S_{\triangle CEF}=S_{\triangle PAE}+S_{\triangle PBF}$.

8. 含15°角的直角三角形面积

老师拿出如图3.8.1所示的三角形纸片，请大家计算这个三角形的面积.

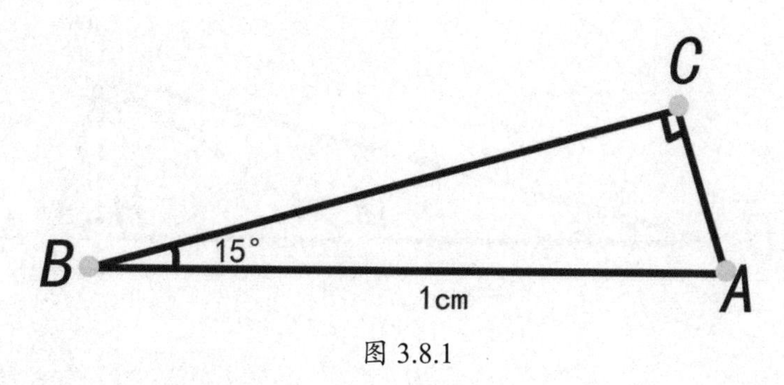

图 3.8.1

在Rt△ABC中，∠ABC=15°，斜边AB等于1cm，△ABC的面积是多少平方厘米？

大家沉思一会儿后便开始比比画画并小声议论，不一会儿，小亮找到了答案“$\frac{1}{8}$ cm²”.

小亮的解答：如图3.8.2所示，延长AC到D，使得$CD=AC$，连接BD，则$\triangle DBC\cong\triangle ABC$. 所以$S_{\triangle DBC}=S_{\triangle ABC}$，$BD=BA=1$cm，作$DH\perp BA$于$H$，$\angle DBH=30°$，所以$DH=\frac{1}{2}$cm. 因此$S_{\triangle DBA}=\frac{1}{2}\times\frac{1}{2}\times 1=\frac{1}{4}$，于是$S_{\triangle ABC}=\frac{1}{2}\times\frac{1}{2}=\frac{1}{8}$（cm²）.

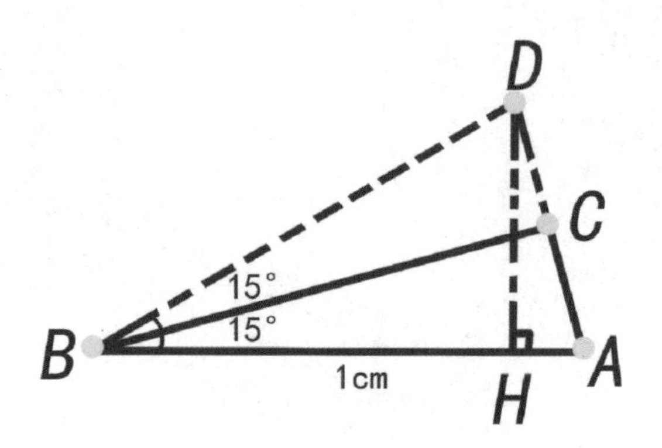

图 3.8.2

小亮发言完毕，小强又给出了另一种求法.

如图3.8.3所示，取AB边的中点M，连接CM，则有$CM=BM=AM=\frac{1}{2}AB=\frac{1}{2}$.

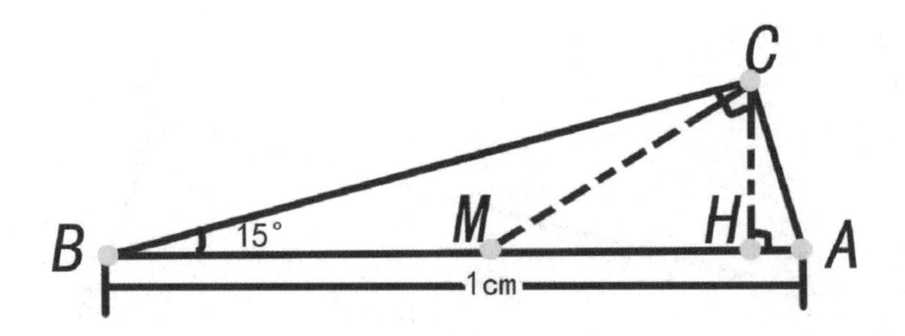

图 3.8.3

此时，$\angle CMA=2\angle B=2\times15^\circ=30^\circ$. 作$CH\perp MA$于$H$，在$\text{Rt}\triangle CMH$中，因为$\angle CMH=30^\circ$，所以$CH=\frac{1}{2}CM=\frac{1}{2}\times\frac{1}{2}=\frac{1}{4}$，因此$S_{\triangle ABC}=\frac{1}{2}AB\times CH=\frac{1}{2}\times1\times\frac{1}{4}=\frac{1}{8}$（$\text{cm}^2$）.

9. 三等分正方形面积

在正方形周界上取3个点与中心连线，分正方形为三个面积相等的部分.

这是一道作图题，关键是周界上的3个点如何选取.

图 3.9.1

如图3.9.1所示，正方形$ABCD$的对角线AC，BD的交点是正方形的中心O，将正方形每条边三等分，连接各分点与点O，将该正方形分为12个等积的以O为顶点的小三角形. 我们取A为一个点，E，F为另两个点，这样，四边形$AOEB$，$AOFD$和$EOFC$面积相等.

此作法可以变通，A点可以不选正方形的顶点，可在边上任意选点.只要每两个相邻选点之间隔着3个分点即可.

这个问题可以推广为：在正方形周界上取n个点与中心连线，分正方形为n个面积相等的部分.

不难想到，将正方形每边n等分，将这些分点与中心O连接，分正方形为以O为顶点的$4n$个等积的小三角形，这样选定n个分点，使得任意相邻的两个分点中间恰隔有3个分点即可. 这样就可以完成作图了.

我们还可以进一步推广：在正n边形周界上取k个点与中心连线，分正n边形为k个面积相等的部分.

这个问题的作法就留给读者思考了.

10. 凸n边形化为等积正方形

如何只用圆规和直尺，作一个正方形与给定的凸n边形的面积相等？

这是一个有趣的问题. 赵老师有条不紊地向大家分析作法步骤.

第一步：对任意凸n边形，我们都可以作一个凸（n–1）边形与它等积.

作法：给出凸n边形$A_1A_2A_3A_4A_5\cdots A_n$，如图3.10.1所示.

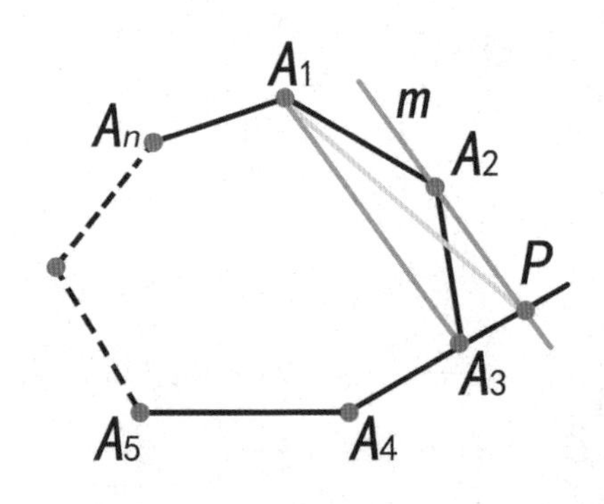

图 3.10.1

连接对角线A_1A_3，过A_2作直线$m//A_1A_3$，交A_4A_3的延长线于P，连接A_1P，则

$$S_{\triangle A_1A_2A_3}=S_{\triangle A_1PA_3},$$

由于A_3在A_4P上，所以多边形$A_1PA_4A_5\cdots A_n$是凸（n–1）边形，且它与n边形$A_1A_2A_3A_4A_5\cdots A_n$的面积相等.

这样我们对任意凸n边形，作出了一个凸（n–1）边形与它等积.

第二步：继续作下去，直到我们作出一个三角形与给定的凸n边形等积.

第三步：可以作一个长方形与这个三角形等积.

作法：已知$\triangle ABC$，取AB的中点M，AC的中点N，连接直线MN. 如图3.10.2所示，过B，C分别作MN的垂线，垂足为E和D，则长方形$BCDE$与$\triangle ABC$等积.

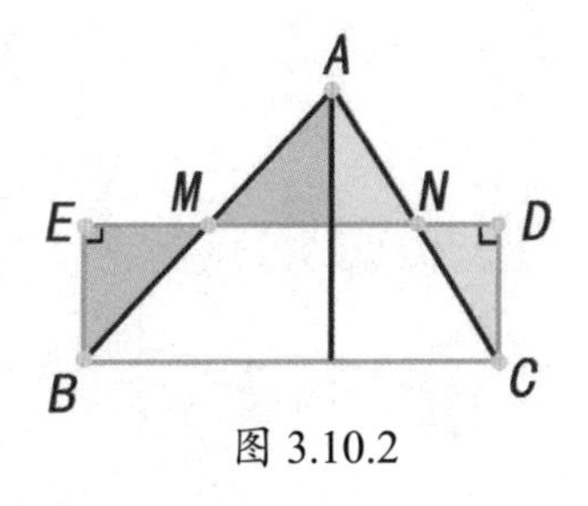

图 3.10.2

第四步：利用比例中项，可以作一个正方形与这个长方形等积.

作法：设已知长方形$EBCD$的宽$EB=a$，长$BC=b$，则$S_{长方形EBCD}=ab$.

如图3.10.3所示，作线段$JK=JI+IK=a+b$.

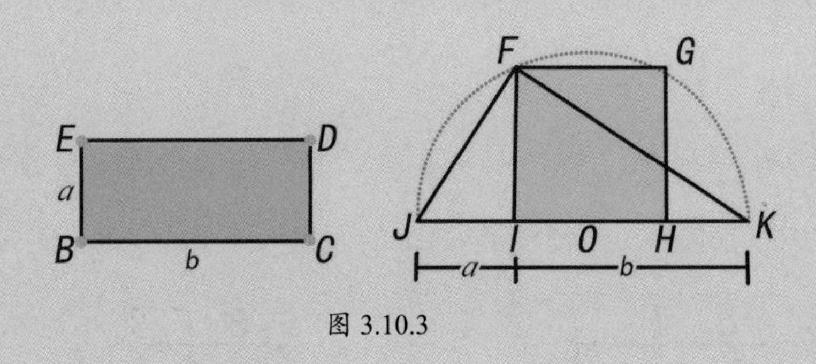

图 3.10.3

取JK的中点O为圆心，以$\dfrac{JK}{2}=\dfrac{a+b}{2}$为半径作半圆. 过点$I$作$JK$的垂线，交半圆于$F$，则$IF=\sqrt{ab}$.

以IF为边完成正方形$IFGH$，则$S_{正方形IFGH}=ab$.

这样，我们作出了与长方形$EBCD$等积的正方形$IFGH$.

从以上四步作图步骤可知，可以只用圆规和直尺作一个正方形与给定的凸n边形等积. 特殊地，可以只用圆规和直尺作一个正方形与给定的正n边形等积.

11. 分四边形面积成等差数列的3部分

如图3.11.1所示，在长方形$ABCD$中，$AM=MN=ND$，$BE=EF=FC$，长方形$ABEM$，$MEFN$，$NFCD$的面积分别记为S_1，S_2和S_3，显然$S_1=S_2=S_3$，设长方形$ABCD$的面积为S. 因此，$S_2=\frac{S}{3}$. 如图3.11.2所示，在梯形$ABCD$中（$AD//BC$），$AM=MN=ND$，$BE=EF=FC$，梯形$ABEM$，$MEFN$，$NFCD$的面积分别记为S_1，S_2和S_3，显然也有$S_1=S_2=S_3$，设梯形$ABCD$的面积为S. 因此，$S_2=\frac{S}{3}$.

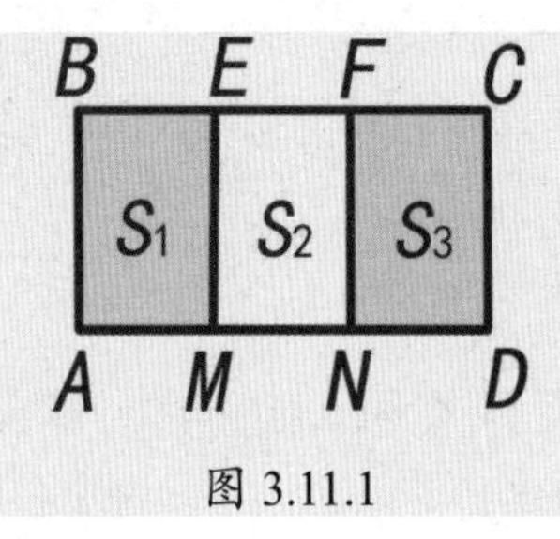

图 3.11.1

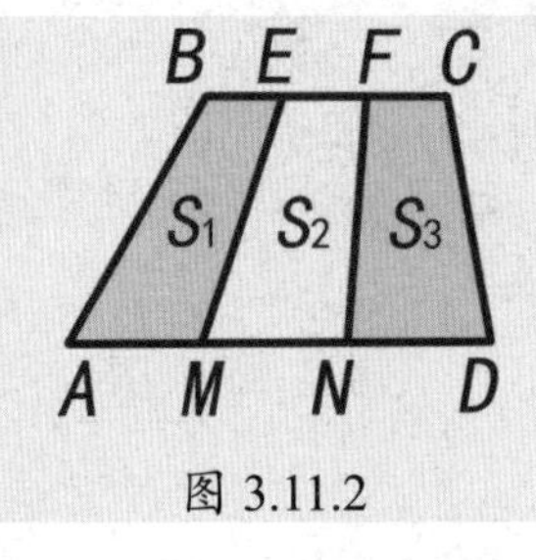

图 3.11.2

在梯形$ABCD$中（$AD//BC$），如果三等分点在两腰上，即$AE=EF=FB$，$DM=MN=NC$，四边形$FBCN$，$EFNM$，$AEMD$的面积分别记为S_1，S_2和S_3，设梯形$ABCD$的面积为S，情形如何呢？如图3.11.3所示，将两个同样的梯形拼成一个平行四边形，容易看到，仍有$S_2=\frac{S}{3}$.那么，对任意的四边形情况如何呢？是否仍具有这个性质呢？

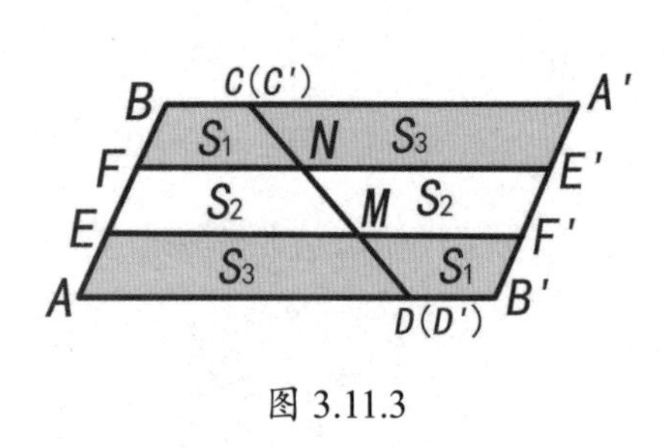

图 3.11.3

如图3.11.4所示，在四边形$ABCD$中，$AM=MN=ND$，$BE=EF=FC$，四边形$ABEM$，$MEFN$，$NFCD$的面积分别记为S_1，S_2和S_3，设四边形$ABCD$的面积为S.求证$S_2=\frac{S}{3}$.

下面我们用三角形面积的知识给出这道问题的解答.

解：如图3.11.5所示，连接AE，EN，NC和AC，易知

$$S_{\triangle ACE}=\frac{2}{3}S_{\triangle ABC},\ S_{\triangle ACN}=\frac{2}{3}S_{\triangle ADC}.$$

由上面的两个式子相加得，

$$S_{四边形EANC}=S_{\triangle ACE}+S_{\triangle ACN}=\frac{2}{3}(S_{\triangle ABC}+S_{\triangle ADC})=\frac{2}{3}S_{ABCD}=\frac{2}{3}S.\ ①$$

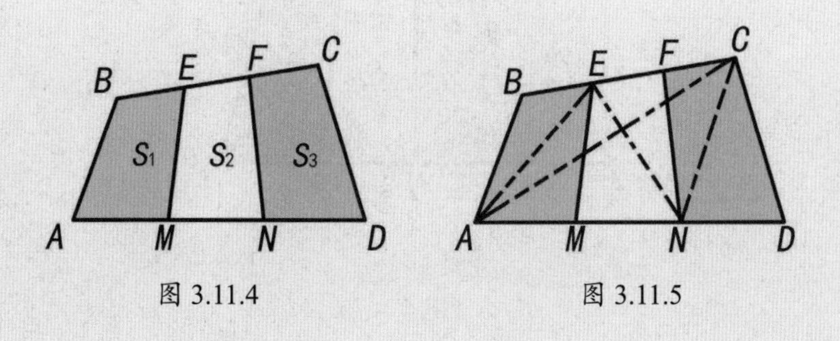

图 3.11.4　　图 3.11.5

又由三角形中线平分三角形面积得，$S_{\triangle EMN}=\frac{1}{2}S_{\triangle EAN}$，$S_{\triangle NEF}=\frac{1}{2}S_{\triangle NEC}$，上面的两个式子相加得，$S_2=S_{\triangle EMN}+S_{\triangle NEF}=\frac{1}{2}(S_{\triangle EAN}+S_{\triangle NEC})=\frac{1}{2}S_{四边形EANC}=\frac{1}{2}\times\frac{2}{3}S=\frac{1}{3}S.$

解完题，仔细品味，你会受益良多，感到趣在其中.

由$S_2=\frac{1}{3}S=\frac{1}{3}(S_1+S_2+S_3)$，得$2S_2=S_1+S_3$，因此$S_2-S_1=S_3-S_2$，这表明，3块面积$S_1$，$S_2$，$S_3$的数值成等差数列. 于是可得如下的结论.

定理：在四边形$ABCD$中，M，N依次为AD边上的三等分点，E，F依次为BC边上的三等分点，连接ME，NF，形成的3块小四边形的面积依次记为S_1，S_2，S_3，则S_1，S_2，S_3的数值成等差数列.

我们发现在四边形$ABCD$的边AD，BC上分别插入3个等分点. 依次连接对应

的分点，记分成的4个小四边形的面积为S_1，S_2，S_3，S_4，如图3.11.6所示，则S_1，S_2，S_3，S_4的数值也成等差数列.

事实上，对四边形$ABGP$，由定理可得，$S_2-S_1=S_3-S_2$，同理对四边形$MECD$，由定理可得，$S_3-S_2=S_4-S_3$，因此$S_2-S_1=S_3-S_2=S_4-S_3$，即S_1，S_2，S_3，S_4的数值也成等差数列.

进一步，我们在四边形$ABCD$中，依次在AD边上和BC边上都插入n个等分点，连接对应的分点形成的$(n+1)$块小四边形的面积依次记为S_1，S_2，S_3，…，S_n，S_{n+1}，那么S_1，S_2，S_3，…，S_n，S_{n+1}的数值是否成等差数列，就留给大家去探索了！

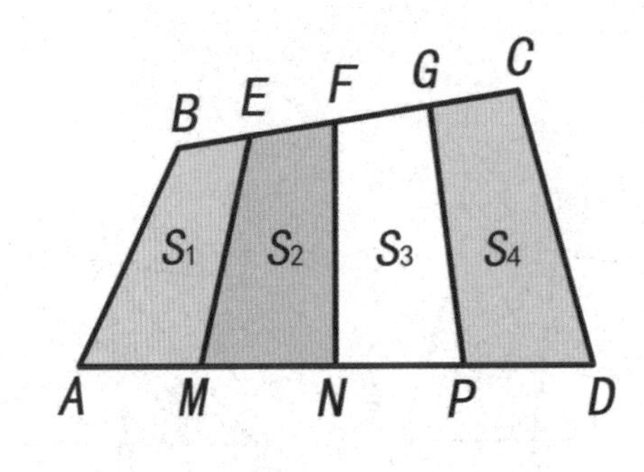

图 3.11.6

12. 有趣的“井田问题”

现在我们将面积为S的正方形$ABCD$的四条边都三等分，如图3.12.1所示，连接每组对边上的对应分点，形成一个“井字形”. 易知，中间小正方形的面积S_5与S的比值为$\frac{S_5}{S}=\frac{1}{3^2}=\frac{1}{9}$.

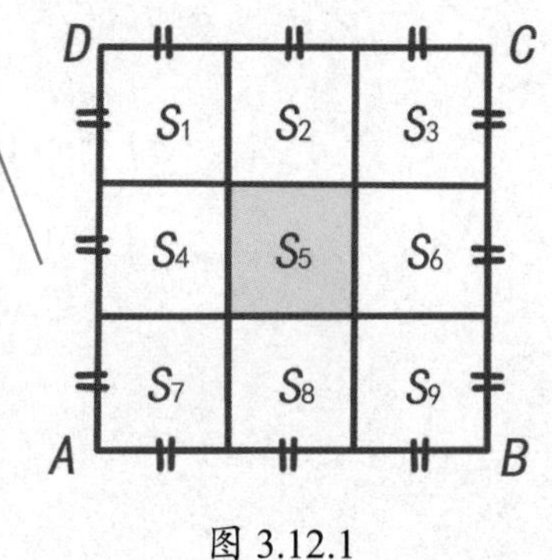

图 3.12.1

这个性质对一般的四边形也是成立的.

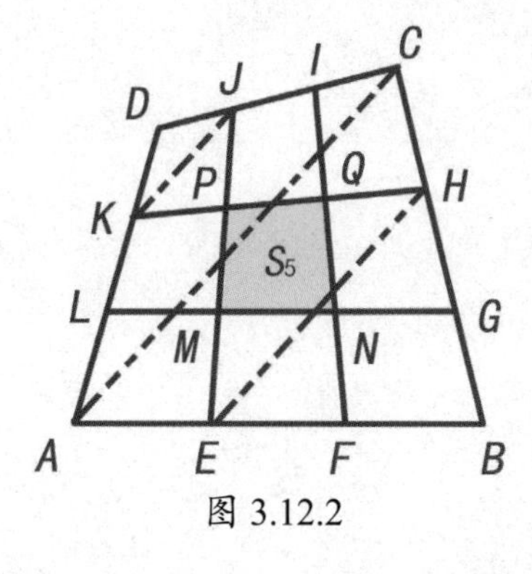

图 3.12.2

现在我们将面积为S的四边形$ABCD$的四条边都三等分，如图3.12.2所示，连接每组对边上的对应分点，形成一个“井字形”. 则中间的阴影小四边形的面积S_5与S的比值等于$\frac{S_5}{S}=\frac{1}{3^2}=\frac{1}{9}$.

至于“井字形”问题的证明，首先证明P，Q为KH的两个三等分点. 连接AC，KJ和EH.

易知，$KJ \parallel AC$，$KJ=\frac{1}{3}AC$；$EH \parallel AC$，$EH=\frac{2}{3}AC$.

所以$KJ \parallel EH$，$KJ:EH=1:2$.

因此，$\triangle KPJ \backsim \triangle HPE \Rightarrow \dfrac{KP}{HP}=\dfrac{KJ}{HE}=\dfrac{1}{2}$.

推出$KP=\dfrac{1}{3}KH$，即P为KH的一个三等分点.

同理可证，Q为KH的另一个三等分点.

同理可证，M，N为LG的两个三等分点.

由于$S_{四边形LKHG}=\dfrac{1}{3}S$，而$S_{四边形MPQN}=\dfrac{1}{3}S_{四边形LKHG}$，因此，$S_{四边形MPQN}=\dfrac{1}{9}S$.

其实，“井田问题”也可以推广：四边形的每边都被$2k+1$等分，并且每组对边上相应的点用线段连接，则中间小（阴影）四边形的面积是原四边形面积的$\dfrac{1}{(2k+1)^2}$.

图3.12.3画出的是$2k+1=5$的情形，中间小（阴影）四边形的面积是原四边形面积的$\dfrac{1}{5^2}=\dfrac{1}{25}$.

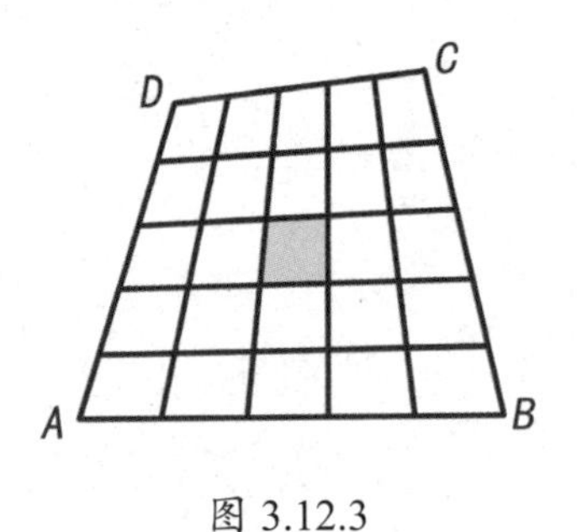

图 3.12.3

解题之后的反思非常重要：

（1）这个问题有没有别的解法？

（2）这个问题能不能推广，更一般化？

（3）从解题中能总结出一些经验或方法吗？

解题后只有不断地反思，才能不断地进步，你才能锻炼出“好的解题的胃口”，成为一个解题的高手，在做数学题的过程中，体验“数学好玩”！

13. 水沟改直的设计

两块水田之间有一条曲折的水沟，如图3.13.1所示，今要把水沟的两岸变为直线，而每块水田面积不变. 如果A，A'两点不变，则水沟应如何改造？说明作法.

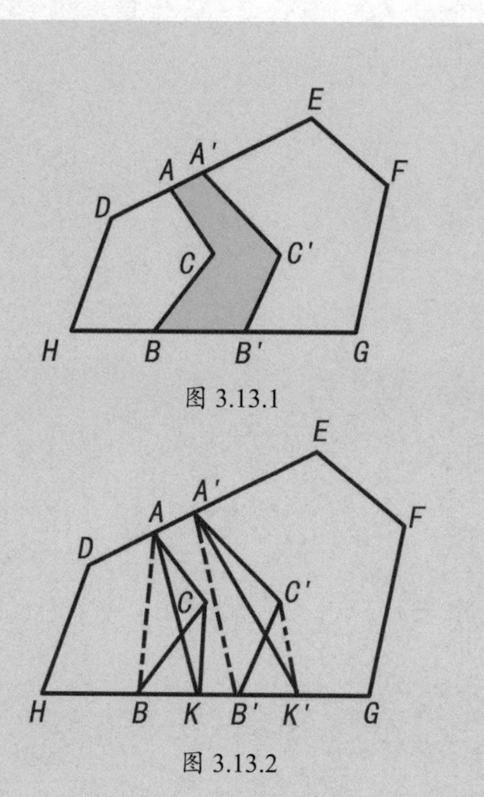

图 3.13.1

图 3.13.2

分析：要求把五边形$ACBHD$变为四边形，而面积不变. 同理，要求把六边形$A'EFGB'C'$变为五边形，而面积不变. 这都是尺规作图的基本问题.

作法：如图3.13.2所示，连接AB，作$CK//AB$.

连接AK，连接$A'B'$，作$C'K'//A'B'$，连接$A'K'$.

则AK，$A'K'$为所求水沟边沿的直线.

14. 月形面积问题

如图3.14.1所示，在以AB为直径的半圆上取一点C，分别以AC和BC为直径在$\triangle ABC$外作半圆AEC和BFC. 当C点在什么位置时，图中两个弯月形AEC和BFC的面积之和最大.

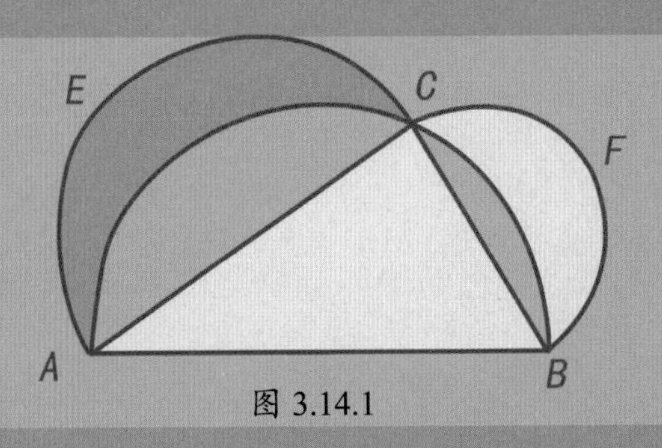

图 3.14.1

解：连接AB中点（圆心）和C点，由同圆半径相等、等腰三角形底角相等和三角形内角和定理，推得$\angle ACB = 90^\circ$.

$$S_{弯月形AEC} + S_{弯月形BFC}$$

$$=S_{半圆AEC}+S_{半圆BFC}+S_{\triangle ABC}-S_{半圆ABC}$$

$$=\frac{1}{2}\pi\left(\frac{AC}{2}\right)^2+\frac{1}{2}\pi\left(\frac{BC}{2}\right)^2+S_{\triangle ABC}-\frac{1}{2}\pi\left(\frac{AB}{2}\right)^2$$

$$=\frac{\pi}{8}\left(AC^2+BC^2-AB^2\right)+S_{\triangle ABC}$$

在$\triangle ABC$中，由勾股定理得$AC^2+BC^2=AB^2$， 即$AC^2+BC^2-AB^2=0$.

所以，$S_{弯月形AEC}+S_{弯月形BFC}=S_{\triangle ABC}$.

因为△ABC的底AB固定，所以当高最大时，△ABC的面积最大.

答：当C点在通过圆心，且过与直径AB垂直的直线与半圆ABC的交点处时，两弯月形的面积之和最大.

本题的背景是古希腊历史名题希波克拉底的“月牙定理”. 2018年高考全国理科1卷数学的一道概率题（选择题10）就是以“月牙定理”为背景的.

15. 由正方形剪裁面积最大的正三角形

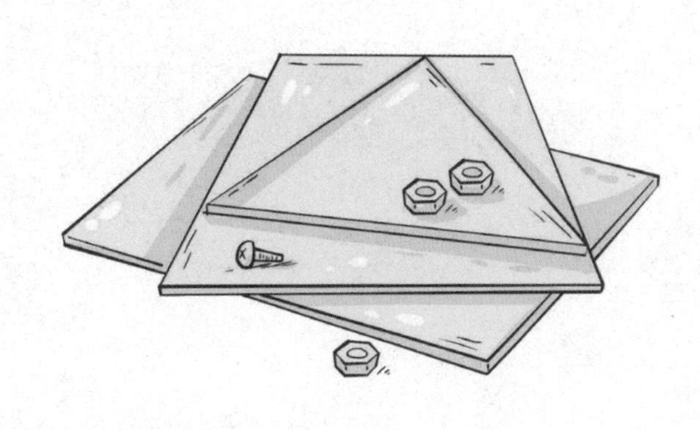

试在边长为1的正方形钢板上剪裁出一块面积最大的正三角形钢板，并求出这块正三角形钢板的面积.

解：要使在正方形中剪裁的正△EFG的面积最大，则正三角形的3个顶点至少落在正方形的3条边上. 所以，不妨设其中F，G是在正方形的一组对边上.

如图3.15.1所示，作△EFG的边FG上的高EK，则E，K，G，D四点共圆. 连接KD，有$\angle KDE = \angle EGK = 60^\circ$.

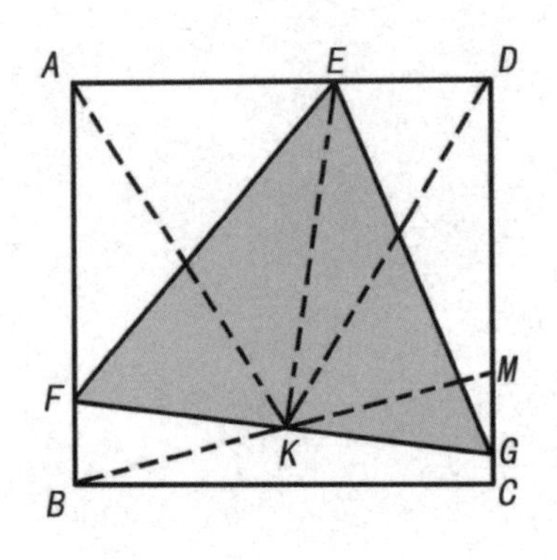

图 3.15.1

同理，连接AK，由E，K，F，A四点共圆，有$\angle KAE = \angle EFK = 60^\circ$.

所以$\triangle KDA$是边长为1的正三角形，而K是它的一个顶点.

由此可知，内接正$\triangle EFG$的边FG的中点必是不动点K.

又因为正三角形面积由边长所决定，当边FG在直线BK上时（或CK上时），取得内接正三角形的最大边长为BM.

由K到BC的距离为$1-\dfrac{\sqrt{3}}{2}$，所以

$$CM=2-\sqrt{3},$$

$$BM=\sqrt{1^2+\left(2-\sqrt{3}\right)^2}=2\sqrt{2-\sqrt{3}}.$$

这时内接正三角形的面积最大，它的面积是

$$S_{\max}=\frac{\sqrt{3}}{4}\times\left(2\sqrt{2-\sqrt{3}}\right)^2=2\sqrt{3}-3.$$

16. 如何画面积为80平方厘米的正方形

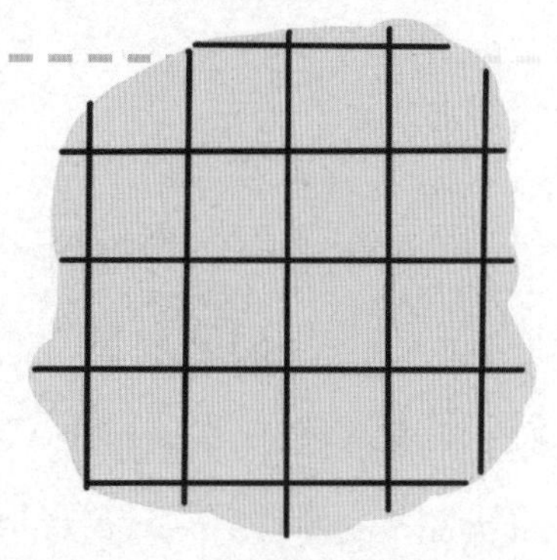

图 3.16.1

由面积为100平方厘米的正方形铺成的地板平面网格，如图3.16.1所示. 现仅使用一把无刻度的直尺和一支铅笔，请你在地板平面上画出一个面积为80平方厘米的正方形. 看谁画得快？

分析：本题只准用一把无刻度的直尺和一支铅笔，要求在地板平面上画出一个面积为80平方厘米的正方形，显然属于限制条件的几何作图，我们只能利用直尺连接地板格线的交点来画线. 当看到组成一个田字形的4块地板砖面积为400平方厘米的正方形，恰是80平方厘米的正方形的5倍时，我们想到5个80平方厘米的正方形组成的十字形可以剪拼成一个面积为400平方厘米的大正方形，现在的问题正是它逆过来的问题. 因此想到如下的解法.

答：如图 3.16.2 所示，用直尺连接 AF，DK，BG，CH，即可在地板平面上画出一个包含 E 点在内的小正方形，它恰为一个面积为 80 平方厘米的正方形.

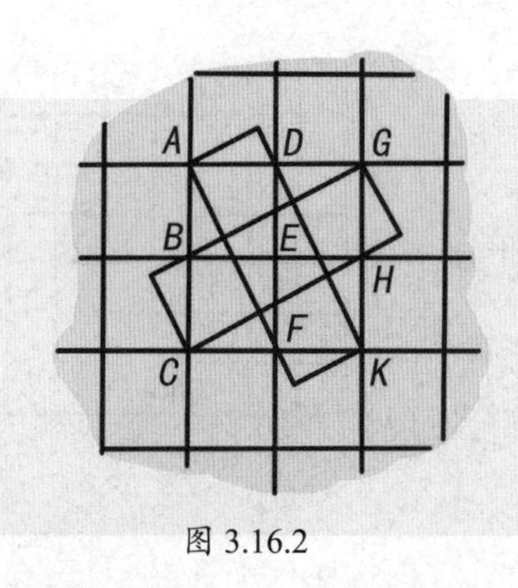

图 3.16.2

理由：400平方厘米的正方形，等积变成5个面积为80平方厘米的正方形拼成的十字形，每个小正方形的面积恰为80平方厘米.

17. 保罗 · 柯里的戏法

一位生活在纽约市的业余魔术师保罗 · 柯里发明了一种戏法. 取一张正方形的纸，在它上面画上7×7的小方格，将大的正方形剪开成5片，如图3.17.1（a）所示，然后按如图3.17.1（b）所示重新放置这5片纸片，结果形成一个“方形炸面饼圈”，即与原正方形同样边长的一个正方形，但它的中央缺了一个小正方形. 如果这真的成立，岂不出现“49=48”这样的谬论吗？你能看出这个魔术中的奥秘吗？到底面积是如何丢失的呢？

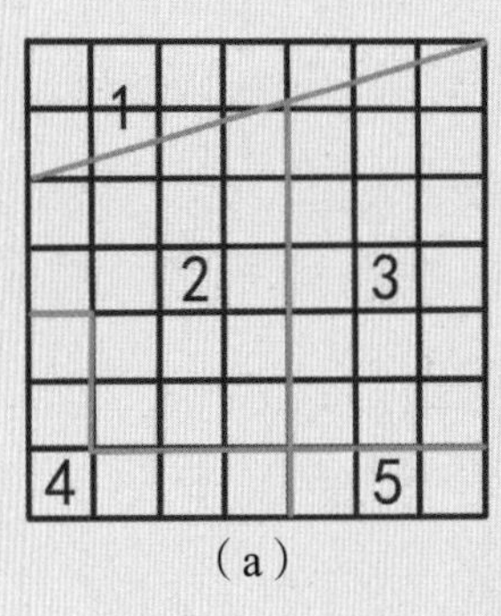

（a）

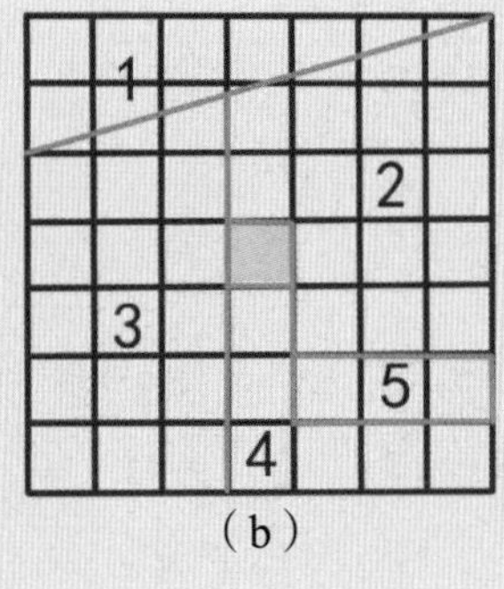

（b）

图 3.17.1

观察图3.17.2，不难发现，实际上图3.17.1（b）中有一个重合的小长条，是个平行四边形.计算知其短边等于$\frac{1}{7}$，高等于7. 因此重叠的平行四边形的面积恰好等于1.

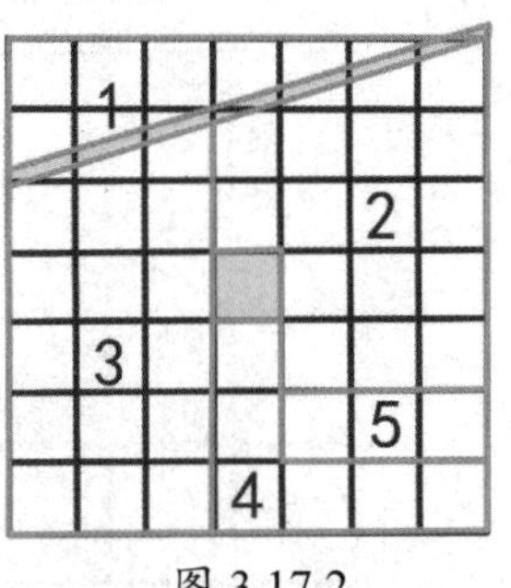

图 3.17.2

这种拼图魔术都是利用人们的视力分辨不出微小的误差而造成假象来迷惑人. 只要进行精密的计算就会发现魔术的秘密.

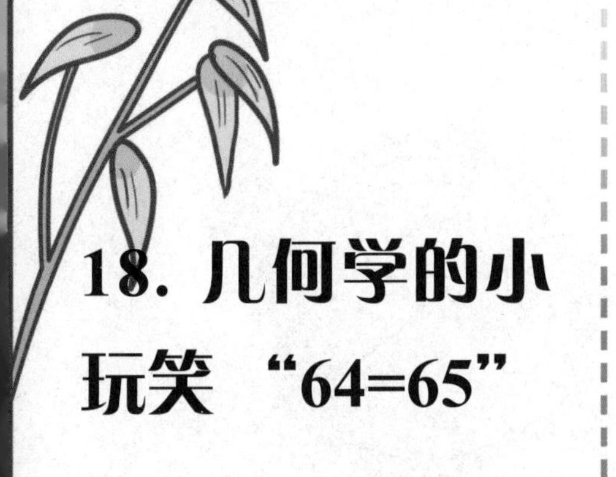

18. 几何学的小玩笑 “64=65”

在瓦罗别耶夫著的《斐波那契数列》一书中，记述了一则几何学的小玩笑：直观地证明“64=65”.

为此取边长为8的正方形并分它为如图3.18.1（a）所示的4部分，用这4部分可以拼成一个边长为13和5的长方形，也就是面积为65的长方形，如图3.18.1（b）所示.

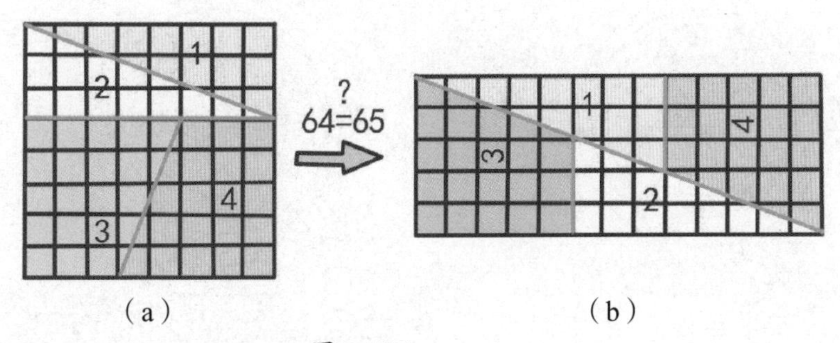

（a）　（b）

图 3.18.1

对于这个乍一看起来颇为神秘的现象，不难找到它的解释.全部的事实在于，如图3.18.2所示，图中的点A，B，C，D其实不在一条直线上，而是一个平行四边形的4个顶点. 容易计算，这个平行四边形的面积恰好就等于“多出来的”1个单位.

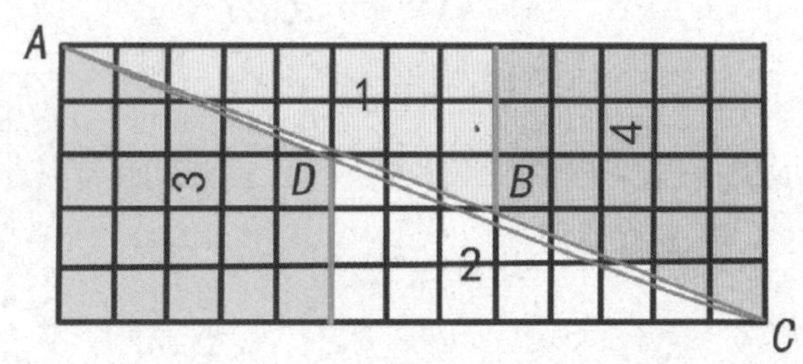

图 3.18.2

19. 古座钟表盘内的面积

如图3.19.1所示是一个古座钟. 红色部分的面积与蓝色扇形的面积大小关系如何？请说明理由.

图 3.19.1

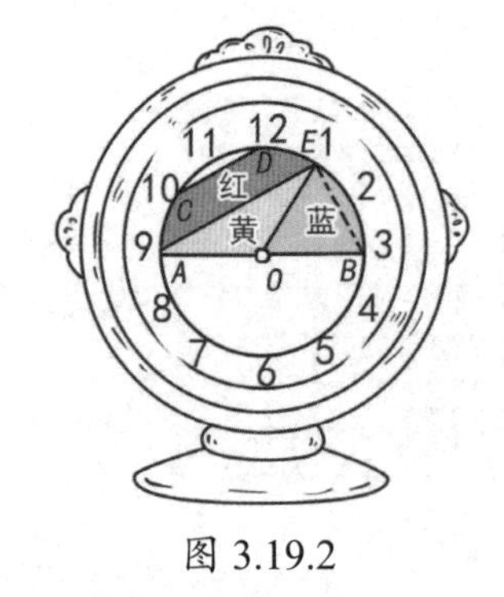

图 3.19.2

答案：红色部分的面积与蓝色扇形的面积一样大.

理由：如图3.19.2所示，$S_{扇形AOE}=2\times S_{扇形BOE}$.

而弓形CD与弓形EB的面积相等，$S_{\triangle AOE}=S_{\triangle EOB}$.

所以图中黄色部分面积等于扇形BOE的面积.

因此，红色部分面积也恰等于一个扇形BOE的面积.

所以，红色部分面积与蓝色扇形的面积一样大.

思考题：如图3.19.1所示的古钟面不小心被摔成3块，恰使得各块数字之和相等，你知道是摔成怎么样的3块吗？

答案如图3.19.3所示.

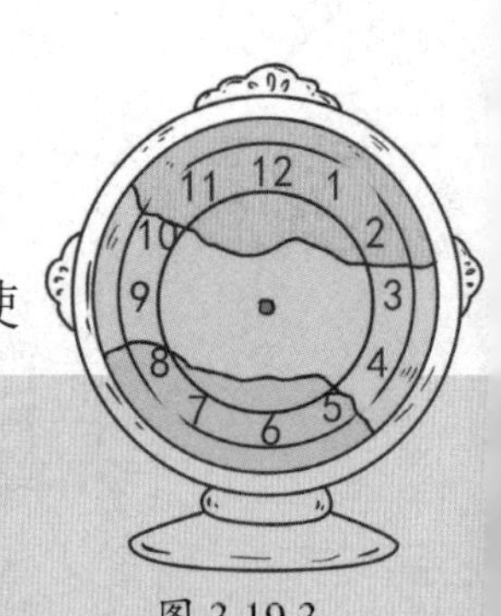

图 3.19.3

20. 重叠部分为定值的两个正方形

有面积为S的两张正方形纸片叠放在平面上，一张的某个顶点与另一张的中心O重合，则两张正方形纸片重叠部分的面积是定值$\frac{S}{4}$.

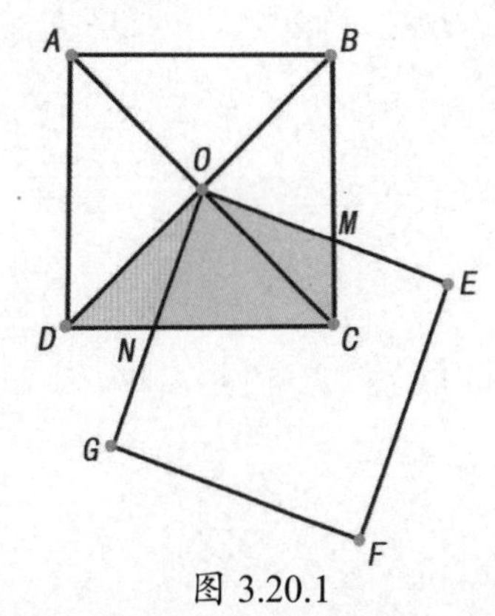

图 3.20.1

如图3.20.1所示，正方形$ABCD$对角线的交点，即该正方形的中心O，另一张正方形有一个顶点与正方形$ABCD$重合于O，另3个顶点依次是E，F，G. 设OE交BC于M，OG交DC于N. 从图中显见，$\triangle OCD$的面积等于$\frac{S}{4}$.

又$\triangle OND \cong \triangle OMC$，所以$S_{\triangle OND}=S_{\triangle OMC}$.

因此，两个正方形重叠部分面积

$$S_{四边形OMCN}=S_{\triangle OMC}+S_{\triangle OCN}=S_{\triangle OND}+S_{\triangle OCN}=S_{\triangle OCD}=\frac{S}{4}.$$

思考：有面积为S的两张正n边形纸片叠放在平面上，一张的某个顶点与另一张的中心O重合，则两张正n边形纸片重叠部分的面积是定值吗？如果是定值，这个定值是多少？留给大家思考吧！

21. 小学生巧解面积题

如图3.21.1所示，在$\triangle ABC$中，$AB=AC$，$\angle BAC=120°$. $\triangle ADE$是正三角形，点D在BC边上，$BD:DC=2:3$. 当$\triangle ABC$的面积是50时，求$\triangle ADE$的面积.

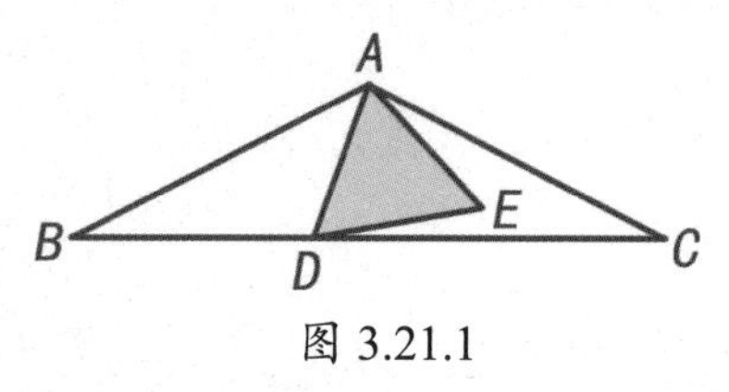

图 3.21.1

解：将$\triangle ABC$绕A点逆时针旋转120°到$\triangle ACM$，再将$\triangle ACM$绕A点逆时针旋转120°到$\triangle AMB$，最后拼成正$\triangle MBC$，则正$\triangle ADE$变为正$\triangle AD_1E_1$和正$\triangle AD_2E_2$，如图3.21.2所示.

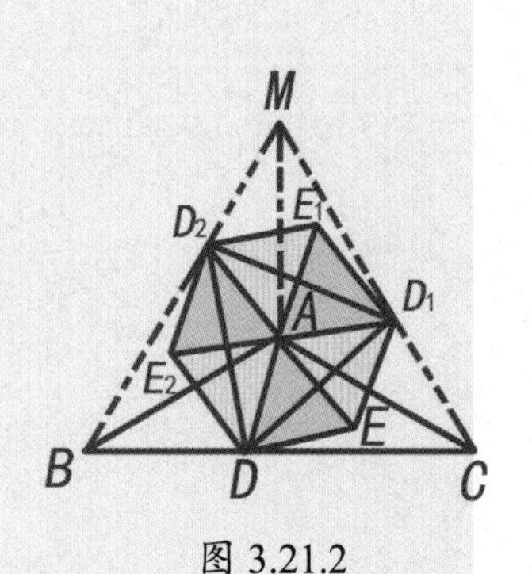

图 3.21.2

易知$DED_1E_1D_2E_2$是正六边形，DD_1D_2是正三角形，其面积是$\triangle ADE$面积的3倍. 因此，设法由正$\triangle MBC$的面积为150，求出$\triangle DD_1D_2$的面积，问题就解决了.

在图3.21.3中，注意到$BD:DC=CD_1:D_1M=MD_2:D_2B=2:3$. 连接$DM$，则$\triangle MBD$的面积是$\triangle MBC$面积的$\dfrac{2}{5}$，等于$150\times\dfrac{2}{5}=60$. 而$\triangle D_2BD$的面积是$\triangle MBD$面积的$\dfrac{3}{5}$，等于$60\times\dfrac{3}{5}=36$. 同理可得，$\triangle MD_1D_2$，$\triangle DCD_1$的面积也是36，因此$\triangle DD_1D_2$的面积$=150-3\times36=42$.

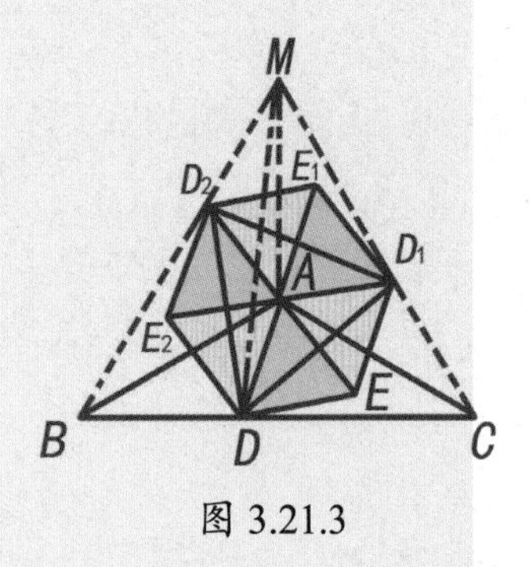

图 3.21.3

$\triangle ADE$的面积是$\triangle DD_1D_2$面积的$\dfrac{1}{3}$，等于14.

这是日本小学生的数学竞赛题.本题如果由初中学生来解，可添设高线AH，利用勾股定理和已知边长a，求出正三角形面积$\dfrac{\sqrt{3}}{4}a^2$，这样也容易解出，有兴趣的同学不妨试一试. 我们欣赏小学生的解法，在于构思的巧妙，令人赞叹！

22. 何谓“鸟头定理”

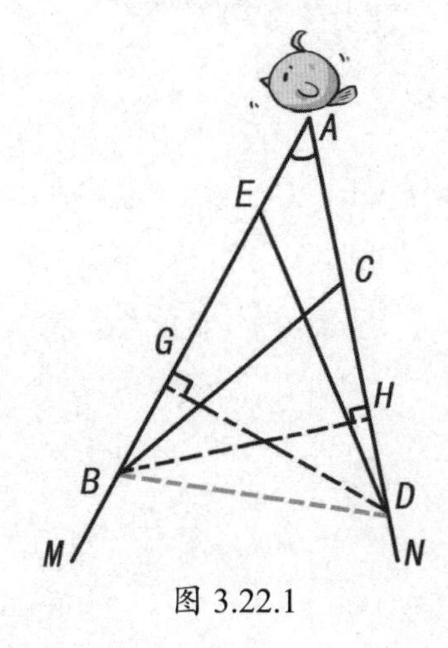

图 3.22.1

在面积证题中，同学们经常使用的一个结论，被大家亲切地称为“鸟头定理”.

它的内容是：如图3.22.1所示，在$\angle MAN$的边AM上取点E，B，在边AN上取点C，D. 则有

$$\frac{S_{\triangle ABC}}{S_{\triangle ADE}}=\frac{AB\cdot AC}{AD\cdot AE}$$

证明：连接BD，作$BH\perp AN$于H，$DG\perp AM$于G.

则 $$\frac{S_{\triangle ABC}}{S_{\triangle ABD}}=\frac{AC\cdot BH}{AD\cdot BH}=\frac{AC}{AD},\ \frac{S_{\triangle ADE}}{S_{\triangle ABD}}=\frac{AE\cdot DG}{AB\cdot DG}=\frac{AE}{AB}.$$

所以 $$\frac{S_{\triangle ABC}}{S_{\triangle ADE}}=\frac{S_{\triangle ABC}}{S_{\triangle ABD}}\cdot\frac{S_{\triangle ABD}}{S_{\triangle ADE}}=\frac{AC}{AD}\cdot\frac{AB}{AE}=\frac{AB\cdot AC}{AD\cdot AE}.$$

这表明有公共角的两个三角形面积的比等于每个三角形夹公共角两边的乘积之比.

本定理属于课外知识，在面积证题中非常好用，很受学生喜爱，因为图形的形象犹如小鸟之头，大家形象地称其为“鸟头定理”. 大家喜闻乐见，就这样被同学们传开了.

23. 巧算多边形重叠部分的面积

将一个面积是840的正六边形放在一个面积是960的正三角形上面，如图3.23.1所示. 那么黄色阴影部分的面积是多少？

这确实是个有趣的问题，我们可以这样分析求解.

图 3.23.1

为了揭开图形中隐藏的秘密，如图3.23.2（a）所示连线.

易知，红色阴影面积为正六边形面积的一半，840÷2=420.

由$\frac{420}{960}=\frac{7}{16}$，红色阴影面积占大正三角形面积的$\frac{7}{16}$，则每块与之相邻的三角形，如图3.23.2（a）中黄色阴影部分，占大正三角形面积的$\frac{3}{16}$. 再根据“鸟头模型”，可以计算出A点为所在线段上的四等分点.

再看图3.23.2（b），设正六边形的中心为点O，C点是线段EF的四等分点，连接OA，OB，OD，OC，OF和AC，则

$$S_{\triangle EOC}=\frac{3}{4}S_{\triangle EOF}=\frac{3}{4}\times\frac{1}{3}S_{\text{大正三角形}}=\frac{3}{4}\times\frac{1}{3}\times 960=240.$$

绿色阴影部分：$S_{\triangle BOC}=S_{\triangle DOC}=\frac{1}{6}S_{\text{正六边形}}=\frac{1}{6}\times 840=140.$

蓝色阴影部分：$S_{\triangle EOB}=S_{\triangle EOC}-S_{\triangle BOC}=240-140=100.$

$$S_{\triangle OCF}=\frac{1}{4}S_{\triangle EOF}=80.$$

利用等高模型：$EB:BC:CF=S_{\triangle EOB}:S_{\triangle BOC}:S_{\triangle OCF}=5:7:4.$

利用“鸟头模型”：$S_{\triangle EAB}=\frac{1}{4}\times\frac{5}{16}\times 960=75.$

因此，所求阴影部分的面积=960−75×3=735.

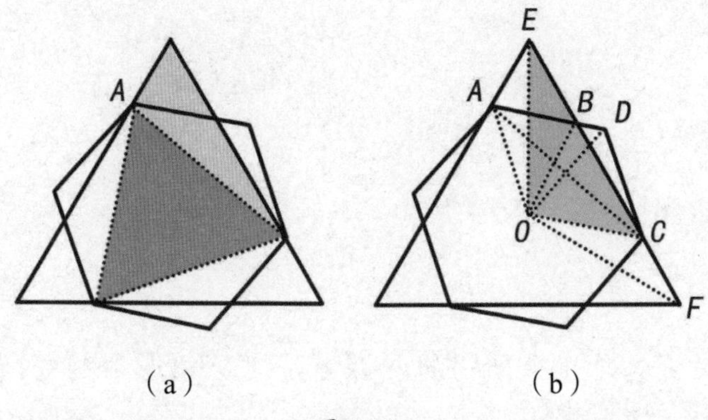

图 3.23.2

这道面积题体现了许多知识的综合运用，是我们锻炼数学思维极好的样品.

第 4 章　三角形中的变换美

像三角形这么简单的图形也有如此无穷无尽的数学内涵！

——德国数学家克雷尔《三角形的性质》

三角形是几何学的细胞，

它像宇宙那样取之不尽.

——沙雷金

今天由辅导员王老师主持研讨班，课题是“三角形中的变换美”.

三角形是最简单的多边形. 因为多边形可以分割成三角形，所以三角形是我们研究多边形的基础.

三角形的性质非常丰富. 把三角形的性质研究清楚了，多边形的学习也就容易入手了，因此说三角形是几何学的细胞，这个比喻恰如其分.

三角形之间有全等（合同）关系，三角形的边与边、角与角之间有相等或不等的数量关系.总之三角形趣题多、应用广、故事多.

王老师是数学教育博士，曾经是全国数学联赛的冠军，经常与同学们交流数学学习心得.

“我先给大家讲几个故事.”王老师说，“大家可以一边解题一边交流讨论.”

1. 用帽檐测河宽的故事

在别莱利曼的《趣味几何学》中，讲了这样一个故事. 在一次战斗中，一位士官带领一队人藏在灌木丛中. 士官带着一名士兵一直爬到河边，河对岸是对方军队的阵地. 士官问士兵："你看河有多宽？"士兵回答："100米~110米吧！"士官同意士兵的说法，但慎重起见，他决定用"帽檐测距法"验证一下.

说完，士官站立起来，调整帽檐，使得目光通过帽檐恰好落在对岸河边的石头上，士官再原地转不小于90°的角度，此时目光通过帽檐恰落在远处的一个树桩上，这时士官让士兵步量从自己的脚到树桩的距离，结果是105米，如图4.1.1所示. 从而顺利测出了河宽.

图 4.1.1

这是什么道理呢？原来是应用了三角形全等的判定定理.

设士官头部为D，脚部为A，对岸石头为B，显然直立的士官与地面成90°，目光通过帽檐看到B的$\angle BDA$是定角，这样士官原地转不小于90°的角后，目光通过帽檐恰落在远处的一个树桩C上. 很显然$\triangle ADB \cong \triangle ADC$，因此$AB=AC$. 只要量得$AC$的长度，就是河宽$AB$.

2. 等腰三角形两个底角相等的最简证明

大家知道定理“等腰三角形的两个底角相等”有许多证法.我们下面介绍的证法据说是大数学家希尔伯特的巧证法.

已知：在$\triangle ABC$中，$AB=AC$.

求证：$\angle ABC=\angle ACB$.

证明：如图4.2.1所示在$\triangle ABC$（正面看）与$\triangle ACB$（背面看）中，因为，

A
B　C
图 4.2.1

$AB=AC$，$\angle BAC=\angle CAB$，$AC=AB$，所以$\triangle ABC\cong\triangle ACB$（SAS）.

因此，$\angle ABC=\angle ACB$（全等三角形的对应角相等）.

这个证明不用添线，确实出奇制胜，使人感到无比喜悦！

其他同学在欣赏这个巧妙证法的同时，小聪、小明等几位同学在比比画画地议论着.不一会儿，小聪站起来发言：“我和小明受面积证法的启发，试着用面积证法证明了等腰三角形的两个底角相等，也不用添设辅助线，供大家参考.”

大家都知道三角形的面积公式：$S=\frac{1}{2}ab\sin C=\frac{1}{2}bc\sin A=\frac{1}{2}ca\sin B$.

在$\triangle ABC$中，$AB=AC$，有$\frac{1}{2}AB\cdot BC\sin B=\frac{1}{2}AC\cdot CB\sin C$.

因为$AB=AC$，$BC=CB$，所以$\sin B=\sin C$.

因为$0^\circ<\angle B+\angle C<180^\circ$，$\angle B+\angle C=180^\circ$不成立，

所以只能$\angle B=\angle C$成立.

老师对小聪的证明给予肯定，同学们报以热烈的掌声.

3. 复原地界

图 4.3.1

古埃及是几何学的发祥地之一. 每年尼罗河水泛滥会淹没两岸的农田，洪水退后，需要重新丈量土地. 假设某人有一块三角形的土地，不妨记为$\triangle ABC$. 洪水过后，地界全无. 只有原来C点的一棵白杨树，AB边中点D处的一株棕榈树，还有由A点向BC边作的高线的垂足H处的汲水用的直立木杆仍在原地保留着，如图4.3.1所示. 请你设法把这块三角形土地的边界复原出来.

这个问题抽象成数学问题是：已知平面上点D，C，H的位置，求作$\triangle ABC$，使得D为AB边的中点，H为自A引的高线在BC边的垂足.

分析与作法：显然，如图4.3.2所示，由于D，C，H三点的位置已定，则$\triangle CHD$可以画出. $\triangle AHB$是直角三角形，D是斜边AB的中点，所以$DB=DA=DH$，因此，以D为圆心，DH为半径画$\odot D$，交CH延长线于点B，连接BD交$\odot D$于点A，连接AC，则$\triangle ABC$就是所求作的三角形.

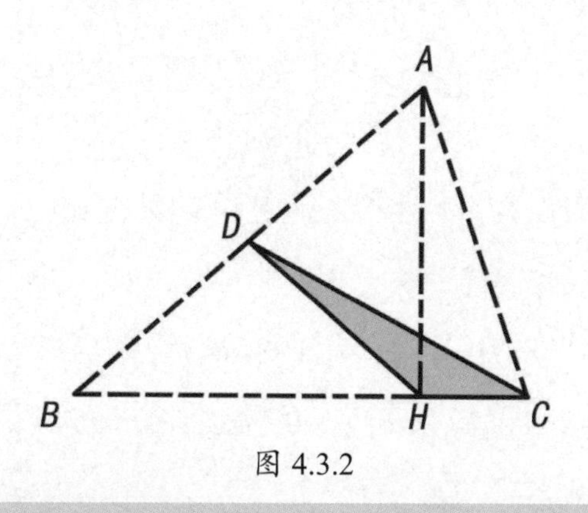

图 4.3.2

4. 青蛙跳问题

如图4.4.1所示. 平面上有不共线的三点A_1，A_2，A_3，一只青蛙恰位于地面上距A_3为0.27米的P_0点. 第一次青蛙由P_0点跳到关于A_1的对称点P_1，第二次青蛙由P_1点跳到关于A_2的对称点P_2，第三次青蛙由P_2点跳到关于A_3的对称点P_3， 第四次青蛙由P_3点跳到关于A_1的对称点P_4，第五次青蛙由P_4点跳到关于A_2的对称点P_5，按如上规则继续跳下去，若青蛙第1985步跳落在点P_{1985}，问P_0与P_{1985}的距离为多少厘米？

图 4.4.1

解：在△ $P_0P_1P_2$ 中，A_1A_2为中位线，依中位线定理，$P_0P_2 = 2A_1A_2$，$P_0P_2 // A_1A_2$.

在△ $P_3P_4P_5$ 中，A_1A_2为中位线，根据中位线定理，$P_3P_5 = 2A_1A_2$，$P_3P_5 // A_1A_2$. 因此$P_0P_2 = P_3P_5$，$P_0P_2 // P_3P_5$.

注意到A_3是线段P_2P_3的中点，连接P_0P_5交P_2P_3于点M.

则由$P_0P_2 // P_3P_5$知，$\angle P_0P_2P_3 = \angle P_2P_3P_5$，$\angle P_2P_0P_5 = \angle P_0P_5P_3$，又$P_0P_2 = P_3P_5$，所以$\triangle P_0P_2M \cong \triangle P_5P_3M$（SAS）

因此，$P_2M = P_3M$，$P_0M = P_5M$. 即M为线段P_2P_3的中点，也就是M点与A_3点重合.

由$P_5M=P_0M$，M与A_3重合知，$P_5A_3=A_3P_0$，即P_0为P_5关于A_3的对称点.

但已知P_6为P_5关于A_3的对称点，所以P_6点与P_0点重合. 于是可知，青蛙每跳6次以后，第6次的落点又回到P_0点.

由于$1985=6\times330+5$，所以青蛙对称跳1985次以后，第1985次落点P_{1985}与P_5点重合. 此时，$P_0P_{1985}=P_0P_5=2\times P_0A_3=2\times0.27$（米）$=0.54$（米）$=54$（厘米）.

5. 打结作正五边形

给出一根宽为a的长纸条，如图4.5.1（a）所示把它打一个结，然后拉紧压平，如图4.5.1（b）所示.求证：打结部分为一个正五边形.

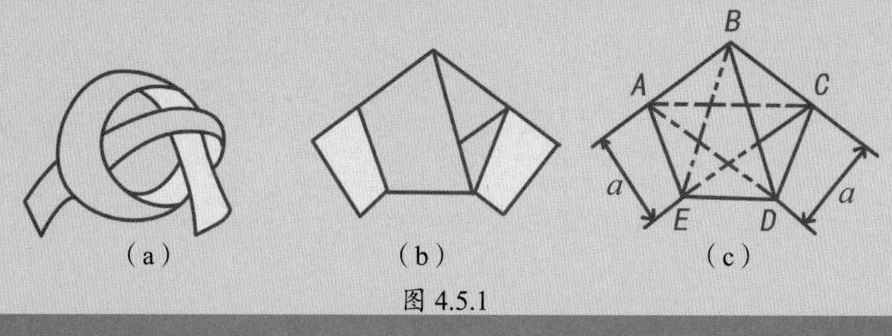

图 4.5.1

分析：我们写出已知条件，如图4.5.1（c）所示，凸五边形$ABCDE$中的四边形$EABC$，$ABCD$，$BCDE$和$DEAB$都是高为a的梯形.

求证：五边形$ABCDE$是正五边形.

证明：$S_{\triangle ABC}=\frac{1}{2}AB\cdot a=\frac{1}{2}BC\cdot a\Rightarrow AB=BC$.

同理可证$EA=AB=BC=CD$.

这说明四边形$EABC$和$ABCD$均是等腰梯形.

所以对角线$BE=AC$，$AC=BD$.

再考虑$S_{\triangle ABD}=\frac{1}{2}BD\cdot a=\frac{1}{2}AD\cdot a\Rightarrow BD=AD$.

同理，从$\triangle BCE$中得出$CE=BE$.

于是，$CE=BE=AC=BD=AD$.

因为$AD=BE$，所以四边形$ABDE$是等腰梯形，即$AB=DE$.

所以有$AB=BC=CD=DE=EA$.

此时不难得证$\triangle EAB\cong\triangle ABC\cong\triangle BCD\cong\triangle CDE\cong\triangle DEA$.

于是得$\angle ABC=\angle BCD=\angle CDE=\angle DEA=\angle EAB$.

所以五边形$ABCDE$是正五边形.

6. 荒岛寻宝

著名的数学科普作家G.伽莫夫在《从一到无穷大》的书中写了一个“荒岛寻宝”问题，很有趣味和寓意.

从前，有个富有冒险精神的年轻人，在他曾祖父的遗物中发现了一张羊皮纸，上面记载了一处宝藏的位置. 纸上是这样写的：

“乘船至北纬××，西经××，即可找到一座荒岛.岛的北岸有一大片草地，草地上有一株橡树和一棵松树，还有一座绞架，那是我们过去用来吊死叛变者的.从绞架走到橡树，并记住走了多少步；到了橡树向右拐个直角再走这么多步，在这里打个桩.然后回到绞架那里，再朝松树走去，同时记住所走的步数；到了松树向左拐个直角再走这么多步，在这里也打个桩.在两个桩的正当中挖掘，就可以找到宝藏.”

根据这个指示，这位年轻人租了一条船前往目的地.他找到了这座岛，也找到了橡树和松树，但使他大失所望的是，绞架不见了. 经过长时间的风吹雨打，绞架已糟烂成土，一点痕迹也没有了. 这位年轻的冒险者乱挖起来，但是，地方太大了，乱挖只是白费力气，最后两手空空，扬帆返航……

亲爱的同学们，你能用你的智慧找到宝藏的位置吗？

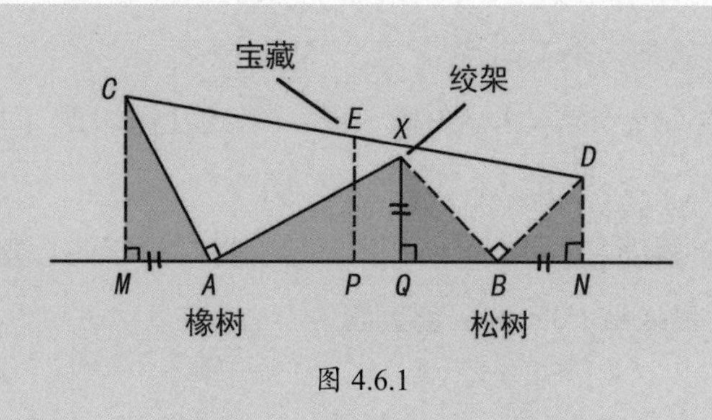

图 4.6.1

其实，只要有三角形全等、梯形中位线定理的基本知识，略加思考，就可以找到宝藏的埋藏位置.

从图4.6.1中知，E是CD的中点. $XA=AC$，$\angle XAC=90^\circ$，$XB=BD$，$\angle XBD=90^\circ$.

作$CM\perp AB$于M，$DN\perp AB$于N，$EP\perp AB$于P.

易知$\triangle AMC\cong\triangle XQA$，$\triangle BND\cong\triangle XQB$，

所以$MA=XQ=NB$.

又$CM//DN//EP$，$CE=DE$，则有$MP=NP$，

但是$MA=XQ=NB$，所以$AP=BP$，即P是AB的中点.

由梯形中位线定理得，$EP=\frac{CM+DN}{2}=\frac{AQ+BQ}{2}=\frac{AB}{2}$.

所以E点可以按如下方法确定：

①取橡树和松树之间的线段AB的中点P；

②过P作AB的垂线；

③在垂线上取点E，使得$EP=\frac{AB}{2}$，则点E就是宝藏的位置.

细心的同学应当想到，无论绞架在哪个位置，只要橡树和松树存在，宝藏的位置点E就是一个不动点.

很遗憾，这个富有冒险精神的年轻人，缺乏几何知识，不会用数学思考问题.

年轻人富有冒险精神并不是坏事，但还要有科学的、理性思维的头脑. 不然的话，那就是“玩命”地蛮干.

7. 至多降落几架飞机

人工智能无人驾驶飞机的发展，为快递行业提供了便利.

有若干个城市，彼此间距离两两不等. 某日清晨8点，从每个城市同时起飞一架无人驾驶快递飞机，分别降落在离它最近的城市. 请你证明，每个城市降落的飞机至多有5架.

乍一看起来，本题简直无从下手，但细看条件，“彼此间距离两两不等”，如果“彼此间距离都相等”会如何？这使我们想到一个极为熟悉的“正六边形模型”，它有6个顶点，每个中心角都是60°，如图4.7.1所示. 由此得到启示.

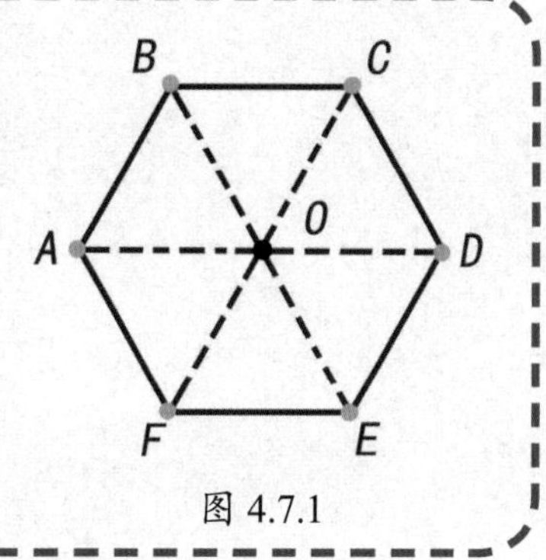

图 4.7.1

假设某个城市O“降落的飞机至多有5架”不成立，则至少有6架. 如图4.7.1所示，A，B，C，D，E，F 6个城市的飞机都降落于城市O，即这些城市到O的距离比它们每个到其他城市的距离要近. 即

$OA<AF$，$OA<AB$；$OB<BC$，$OB<AB$；$OC<CD$，$OC<BC$；

$OD<CD$，$OD<DE$；$OE<DE$，$OE<EF$；$OF<EF$，$OF<AF$.

因此AB，BC，CD，DE，EF，FA分别是其所在三角形中的最大边，所以它们所对的角$\angle AOB$，$\angle BOC$，$\angle COD$，$\angle DOE$，$\angle EOF$，$\angle FOA$是其

所在三角形中的最大角，于是$\angle AOB>60°$，$\angle BOC>60°$，$\angle COD>60°$，$\angle DOE>60°$，$\angle EOF>60°$，$\angle FOA>60°$，因此

$\angle AOB+\angle BOC+\angle COD+\angle DOE+\angle EOF+\angle FOA>6\times60°=360°$，

这与$\angle AOB+\angle BOC+\angle COD+\angle DOE+\angle EOF+\angle FOA=$周角$=360°$矛盾！

所以，城市O“降落的飞机至多有5架”.

事实上，降落5架飞机是可以实现的！

比如5个城市恰为一个围绕城市O的五边形的5个顶点，相邻两个城市对O的张角都是72°（如图4.7.2所示），且$OA_3<OA_4<OA_5<OA_2<OA_1$，因此，5个城市的飞机都要降落于城市O.

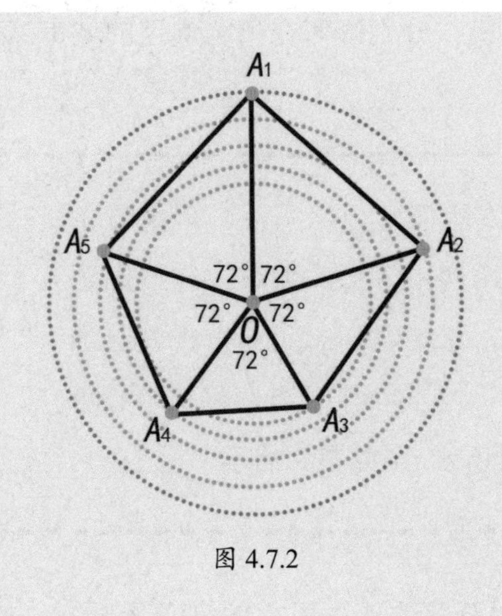

图 4.7.2

8. 开发区的面积

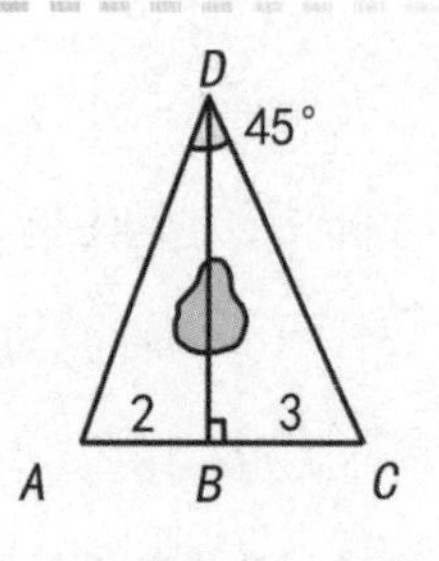

图 4.8.1

A，B，C三个村庄在一条东西向的公路沿线上，如图4.8.1所示，$AB=2$千米，BC=3千米. 在B村的正北方有一个D村，测得$\angle ADC=45°$. 今将$\triangle ACD$区域规划为开发区，除其中4平方千米的水塘外，均作为建设及绿化用地. 试求这个开发区的建设及绿化用地的面积是多少平方千米？

本题的基本模型是：在$\triangle ADC$中，$\angle ADC=45°$. $DB\perp AC$，垂足是AC边上的点B. 若AB=2，CB=3. 求$\triangle ADC$的面积.

要求$\triangle ADC$的面积，只需求出DB的长即可. 直接求有困难，但看到$\angle ADC$=45°，若分别将$\angle ADB$，$\angle CDB$关于AD，CD作轴对称，可形成一个90°角，不妨试一试.

作$\mathrm{Rt}\triangle ADB\xrightarrow{S(DA)}\mathrm{Rt}\triangle ADB_1$，易知$\mathrm{Rt}\triangle ADB\cong\mathrm{Rt}\triangle ADB_1$. 作$\mathrm{Rt}\triangle CDB\xrightarrow{S(DC)}\mathrm{Rt}\triangle CDB_2$，易知$\mathrm{Rt}\triangle CDB\cong\mathrm{Rt}\triangle CDB_2$.延长$B_1A$，$B_2C$相交于点$E$，则$B_1DB_2E$是正方形，如图4.8.2所示. 设$BD=x$，则$B_1D=DB_2=B_2E=EB_1=x$.

图 4.8.2

$AB_1=AB=2$，$CB_2=CB=3$，AC=5. 所以，$AE=x-2$，$CE=x-3$.

在$\mathrm{Rt}\triangle AEC$中，根据勾股定理得，$AE^2+CE^2=AC^2$，即$(x-2)^2+(x-3)^2=(2+3)^2$，整理得$x^2-5x-6=0$，分解因式得$(x-6)(x+1)=0$.

因为$x>0$，则有$x+1>0$，所以$x-6=0\Rightarrow x=6$，即$DB=6$.

所以$S_{\triangle ACD}=\dfrac{1}{2}\times5\times6=15$（平方千米）.

由于已知开发区中有4平方千米的水塘，所以这个开发区的建筑及绿化用地的面积是$15-4=11$（平方千米）.

9. 正三角形覆盖问题

两张边长为 0.9的正三角形的纸片，能盖住一张边长为1的正三角形纸片吗？请你简述理由！

可以盖着试一试，盖来盖去就是差一点！再试，有无穷多种位置的可能性，千秋万代也试不完呀！怎么办？用数学的思维方式来思考！

如图4.9.1所示，如果两张边长为0.9的正三角形的纸片，能盖住一张边长为1的正三角形纸片，当然必须盖住边长为1的正三角形纸片的3个顶点A，B，C. 于是根据抽屉原理，至少有一张边长为 0.9的正三角形纸片盖住其中的两个顶点，不妨设盖住的是A，B两个顶点，则$AB\leqslant 0.9$，这与$AB=1$矛盾！

所以，两张边长为 0.9的正三角形的纸片，无论怎样放置，都盖不住一张边长为1的正三角形纸片.

简捷的数学推理，胜过了永无止境的试来试去！如果你想到了这个证法，你会油然而生一种成就感，这是多么美好的精神享受呀！

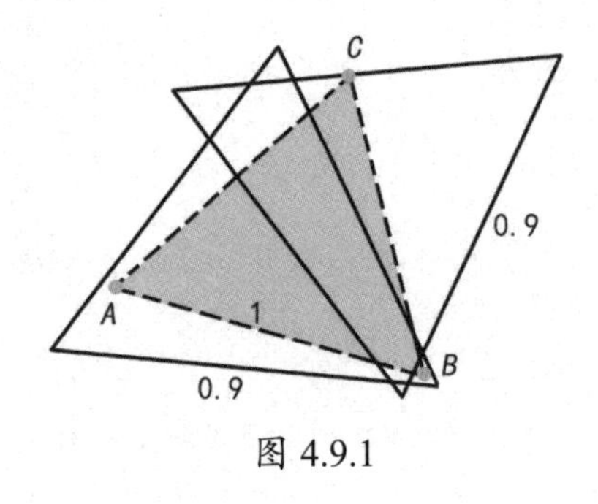

图 4.9.1

请你思考一道类似的问题.

证明：3张直径为0.99的圆纸片一定不能盖住边长为1的正方形纸片.小强很快给出了解答方法："设边长为1的正方形纸片的4个顶点为A，B，C，D.

假设3张直径为0.99的圆纸片能盖住单位正方形$ABCD$，则A，B，C，D这4个顶点就要被3张圆纸片盖住. 根据抽屉原理，其中必有一张圆纸片盖住正方形的两个顶点. 由此可知，这张圆纸片的直径不小于1，这与圆纸片的直径为0.99矛盾！

所以，3张直径为0.99的圆纸片一定不能盖住边长为1的正方形纸片.

10. 周界能拉成三角形的多边形

平面四边形$A_1A_2A_3A_4$是4根木棒首尾连接而成的. 显然，它是不稳定的，给她增加外力则容易变形. 我们的问题是，一定能将它拉成一个三角形吗？

试一试你会发现，平行四边形一定不能拉成一个三角形，而$A_1A_2=4$，$A_2A_3=1$，$A_3A_4=3$，$A_4A_1=4$ 的四边形可以拉成一个三角形，如图4.10.1所示.

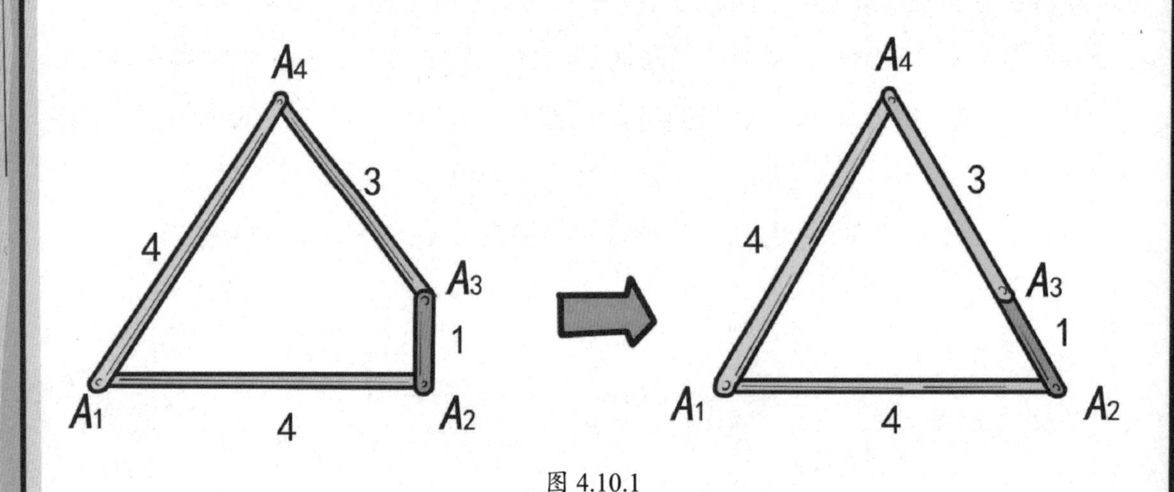

图 4.10.1

对于边数n>4的多边形，确实一定能将它拉成一个三角形. 于是得到一个猜想：平面多边形 $A_1A_2A_3\cdots A_{n-1}A_n$ 是用n（n>4）根木棒首尾连接而成的，这样的多边形一定能将它拉成一个三角形.

下面我们证明这个猜想是个真命题.

证明：设多边形 $A_1A_2A_3\cdots A_{n-1}A_n$ 的所有边长的和为L，因为n>4，存在首尾连接的k（$k=1,2,3,\cdots,n-2$）条木棒，长度小于$\dfrac{L}{2}$.

选其中长度最大者拉成直线段AB，则其余部分与这个直线段AB仍组成多边形，在其余部分的端点上取一点C，连接AC，BC，则$AC+BC>AB$.

根据AB的最大性知，折线AC、折线BC都不能超过AB，因此，AB为最大边. 显然，$AB<$折线$AC+$折线BC，所以，以A，B，C三点分成的3段折线拉成直线段后可以构成一个三角形.

11. 对角线都相等的多边形

正方形的对角线相等，等腰梯形的对角线相等，正五边形的对角线相等，那么所有对角线都相等的多边形都有哪些？也就是，若凸n边形的所有对角线都相等，试确定n的值.

解：易知，正方形的2条对角线相等，正五边形的5条对角线都相等，所以n可取4或5.

下面我们证明：$n \leqslant 5$.

如若不然，若$n > 5$，则n至少是6.

比如凸六边形$A_1A_2A_3A_4A_5A_6$的对角线都相等，设都等于a.

如图4.11.1所示，它的4条对角线 $A_1A_5 = A_2A_4 = A_1A_4 = A_2A_5 = a$.

而有 $A_1A_4 + A_2A_5 > A_1A_5 + A_2A_4$，即 $a + a > a + a$，得出 $a > a$，矛盾！

因此$n > 5$不成立，所以$n = 4$或$n = 5$. 即只有凸四边形或凸五边形，才能出现所有对角线都相等的情况.

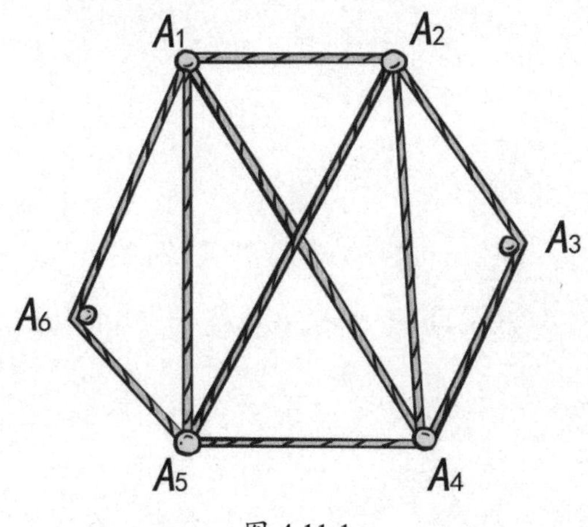

图 4.11.1

12. 线节不自交的折线

平面上有10个红点与10个蓝点，其中任3点都不共线. 证明，可以一个红点与一个蓝点为端点连接成10条线段，使得其中任两条线段都不相交.

证明：以一个红点与一个蓝点为端点连接成10条线段，方法为有限种，所连成的这10条线段的总长度也为有限个值. 其中总长度必有一个最小值l，则具有最小值的10条线段中，任两条都不会相交.

如若不然，设线段$A_1^{红}B_1^{蓝}$，$A_2^{红}B_2^{蓝}$相交于点O，如图4.12.1所示，

我们可以改连$A_1^{红}B_2^{蓝}$，$A_2^{红}B_1^{蓝}$，这样线段$A_1^{红}B_2^{蓝}$，$A_2^{红}B_1^{蓝}$不相交，即$A_1^{红}B_2^{蓝}+A_2^{红}B_1^{蓝}<A_1^{红}B_1^{蓝}+A_2^{红}B_2^{蓝}$，与总长度$l$最小相矛盾！

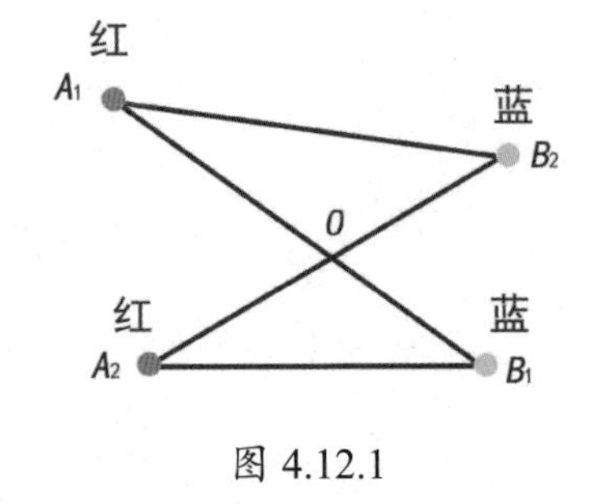

图 4.12.1

所以，可以一个红点与一个蓝点为端点连接成10条线段，使得其中任两条线段都不相交.

一般地，有下面的命题：平面上有n个红点与n个蓝点，其中任3点都不共线. 证明，可以一个红点与一个蓝点为端点地连接成n条线段，使得其中任两条线段都不相交.

这个命题你一定会证明的！

请你进一步思考：平面上给定任3点都不共线的n个点. 两两连接这n个点所成的折线中，不同的连接方法所得的折线总长度不同. 证明，具有总长度最小的折线一定是不自交的折线.

13. 必有一个锐角三角形

给你5条线段，以其中任3条为边都能构成三角形. 证明，其中至少有一个是锐角三角形.

直接证明有困难，我们从问题的反面入手分析.

证明：假设所给的5条线段是a_1，a_2，a_2，a_4，a_5，不妨设$a_1 \leqslant a_2 \leqslant a_3 \leqslant a_4 \leqslant a_5$.

以它们中任3条为边构成的三角形中不存在锐角三角形，只能是非锐角三角形，于是$a_3^2 \geqslant a_1^2 + a_2^2$， $a_4^2 \geqslant a_2^2 + a_3^2$，

相加得，$a_3^2 + a_4^2 \geqslant a_1^2 + 2a_2^2 + a_3^2 \geqslant a_1^2 + 2a_1a_2 + a_2^2 = (a_1 + a_2)^2$.

所以，$a_5^2 \geqslant a_3^2 + a_4^2 \geqslant (a_1 + a_2)^2$.

两边开平方得 $a_5 \geqslant a_1 + a_2$，与a_1，a_2，a_5三边可以构成三角形的条件$a_5 < a_1 + a_2$相矛盾！

因此所给的5条线段中，以任3条为边构成的三角形中不存在锐角三角形的假设不能成立！

所以5条线段构成的三角形中至少有一个是锐角三角形.

请你用上面的结论思考：证明，用长度分别为100，101，…，199，200的101条线段中的99条线段为边，必能组成33个彼此不同的锐角三角形.

证明：设a，b，c（$100 \leqslant a < b < c \leqslant 200$）是长度分别为100，101，…，199，200这101条线段中的任意3条. 因为$a+b \geqslant 100+101>200 \geqslant c$，故以$a$，$b$，$c$为边可以构成三角形，因此以题设的101条线段中的任意3条线段为边都可以构成三角形. 所以以这101条线段中的任意5条线段中的3条为边也可以构成三角形. 依据例题的结论，在这以任意5条线段中的3条为边构成的三角形中至少有一个是锐角三角形，去掉构成这个锐角三角形的3条线段，对剩下的98条线段依次任取其中5条，找到其中3条构成锐角三角形，去掉这3条边的操作，直到找出第33个锐角三角形，还剩下2条线段为止. 此时一共用其中99条线段组成了33个彼此不同的锐角三角形.

问题得证.

14. 正多边形的“好点”

我们画一个正$\triangle ABC$，它的中心是点O，我们发现点O具有这样的性质：使得$\triangle OAB$，$\triangle OBC$和$\triangle OCA$都是等腰三角形. 那么在正$\triangle ABC$所在的平面上还有没有这样的点P，使得$\triangle PAB$，$\triangle PBC$和$\triangle PCA$都是等腰三角形呢？我们设法通过作图来寻找这样的点P.

如果这样的点P存在，它应该在AB边的中垂线上，或在BC边的中垂线上，或在CA边的中垂线上；它也应在以A为中心，$AB=a$为半径的圆上，或在以B为中心，a为半径的圆上，或在以C为中心，a为半径的圆上. 将上面的3条直线与3个圆画出，P点应该出现在它们的交点处. 从图4.14.1中可见，满足问题条件的点有O，P_1，P_2，P_3，P_4，P_5，P_6，P_7，P_8，P_9共10个.

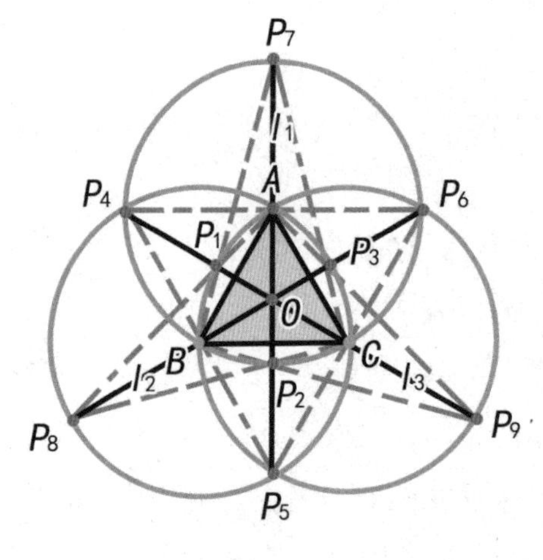

图 4.14.1

对于正n边形所在平面上能与正n边形各边均形成等腰三角形的点，我们称为该正n边形的“好点”. 正n边形的“好点”的个数记为T_n，显然$T_3=10$.

我们感兴趣的是，对于正方形$T_4=$？正五边形$T_5=$?，一般地，当$n\geqslant 6$时，$T_n=$？.

对于边长为a的正方形，我们可以画出4条边的中垂线，再画出以各顶点为圆心，a为半径的4个圆，那么正方形的“好点”应该出现在上述的4条直线与4个圆的交点处.

如图4.14.2所示，正方形的“好点”有O，P_1，P_2，P_3，P_4，P_5，P_6，P_7，P_8共9个，因此T_4=9.

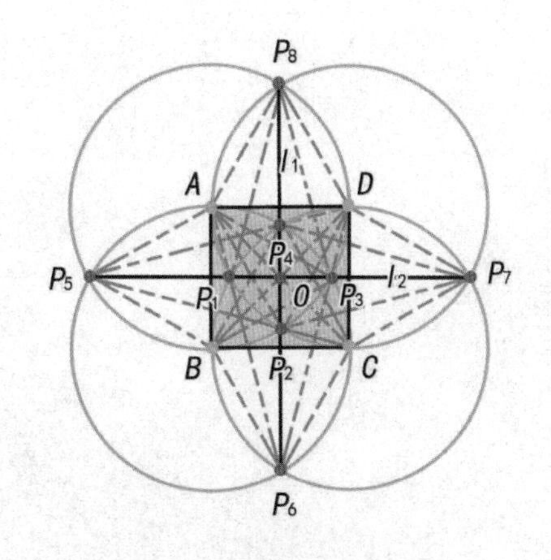

图 4.14.2

下面可以通过图4.14.3求得$T_5 = 6$.“好点”为O，P_1，P_2，P_3，P_4，P_5，共6个.

图 4.14.3

对于$n \geqslant 6$时，可以证明，只有正n边形的中心O一个“好点”，即当$n \geqslant 6$时，T_n=1.

对于一个与自然数n有关的问题，我们发现当n等于个别较小值时的某种性质，可以扩展探索n等于其他值时甚至等于所有自然数时的性质，这是一种常用的探索问题的方法.

第5章　量天测地相似形

必须研究自然科学各个部门的顺序的发展.首先是天文学——游牧民族和农业民族为了定季节，就已经绝对需要它.天文学只有借助于数学才能发展.

——恩格斯《自然辩证法》

今天，由自然科学史所的张博士给营员们讲述“量天测地相似形”的应用小故事.

张博士对古希腊数学和中国古代数学多有研究，颇有建树，也非常热心青少年的科普活动，他经常在中国科技馆开设科普讲座，所撰写的科普读物很受青少年读者的欢迎.

大家热烈欢迎张博士，婷婷代表营员为张博士佩戴了红领巾. 在热烈的掌声中讲座开始了.

1. 泰勒斯日影测金字塔高

图 5.1.1

屏幕上首先映出了某人测量金字塔高度的画面，如图5.1.1所示.

相传在公元前6世纪的某一时刻，人在太阳底下影子的长度与人的身高相等. 而正是在这一时刻，就在埃及最高的金字塔脚下，在疑惑的法老和祭司们的面前，泰勒斯完成了对宏伟的金字塔高度的测量.

因为这时，金字塔投下的影子恰好与其高度相等（金字塔影子长要从底面方形的中心算起，金字塔底面方形的宽度是很容易量得的）. 因此泰勒斯通过测量阴影的长度得到了该金字塔的高度.

泰勒斯 (公元前 624 年—公元前 546 年)

泰勒斯能借助于阴影解决测量金字塔高度的难题，是因为他发现了关于三角形的一个特性.

泰勒斯是古希腊早期的几何学家，他使用的方法其实非常简单，主要用到了以下两个特性（泰勒斯发现了其中第一个特性）：

①等腰三角形两底角相等，等角对应的两边也相等；

②任意三角形的内角和都等于180°.

泰勒斯断定，当一个人的身影和他的身高相等时，太阳光以45° 角投射到地面上. 因此，金字塔的塔尖顶点、塔底中心点和塔的阴影端点正好构成了一个等腰直角三角形.

说白了，因为太阳离地球很远，其发出的光线可以看成是平行线. 因此一个人的身影和他的身高形成的直角三角形与金字塔的塔尖顶点、塔底中心点和塔的阴影端点构成的直角三角形相似. 泰勒斯只是利用了两个等腰直角三角形相似的原理而已.

这个日影测高法也可以用来测树高. 如图5.1.2所示，直立一根木杆$A'B'$，其影长为$B'C'$，直立树高AB，其影长为BC. 因为日光光线是平行线，所以$AC//A'C'$，因此$\triangle ABC \backsim \triangle A'B'C'$，所以$A'B' : B'C' = AB : BC$. 因此

$$AB = \frac{BC \times A'B'}{B'C'}.$$

于是，只要量得木杆长度$A'B'$及其影长$B'C'$和树影长BC，即可计算出树高AB了.

日影测高法，只有有阳光时才可用，因为日光的光线可以看成平行线. 若换成灯光，这种测高法是不成立的.

图 5.1.2

2. 陈老夫子测太阳

太阳离地球有多远？太阳的直径又是多少？两千多年前，周朝的荣方向陈子提出了这样的问题. 在我国古代的《周髀算经》中，记有荣方和陈子的问答，陈子介绍了他测量太阳与地球的距离和太阳直径的方法.

（1）如图5.2.1所示，陈老夫子在都城洛阳（D），等到立一根8尺杆影长6尺的那一天，命人在正北2千里的地方（F）也立一根8尺杆，来测其影长. 实测结果，南杆影长DG=6尺=60寸，北杆影长FH=6尺2寸=62寸. 计算得，太阳离地面高度AK为8万里（应减去8尺）.太阳直下方的地点B到南杆D的距离$BD=KC$=6万里. 具体采用如下两个公式：

$$AK=\frac{DF\times CD}{FH-DG} \text{①} \qquad BD=\frac{DF\times DG}{FH-DG} \text{②}$$

图 5.2.1

对于上面的公式，利用$\triangle AKC\backsim\triangle CDG$和$\triangle AKE\backsim\triangle EFH$, 很容易证明①②两个结果，这在中学几何教材中可以找到，请同学们自己推证.

由于我国古代没有相似三角形的理论，中算家是巧妙地用面积法证明的，过程如下.

如图5.2.2所示，对于长方形$ABHT$，作辅助线分原长方形为4个小长方形，其中不含对角线的两个小长方形面积相等. 我们用S（长方形KM）记长方形$KCMA$的面积，即有

$S(\text{长方形}ET)=S(\text{长方形}BE)$，$S(\text{长方形}CN)=S(\text{长方形}BC)$.

相减得，

$S(\text{长方形}ET)-S(\text{长方形}CN)=S(\text{长方形}BE)-S(\text{长方形}BC)=S(\text{长方形}DE)$.

即$FH\times AK-DG\times AK=DF\times CD\Rightarrow(FH-DG)\times AK=DF\times CD$，

因此$AK=\dfrac{DF\times CD}{FH-DG}$ ③

又由$S(\text{长方形}BC)=S(\text{长方形}CN)$得，$CD\times BD=AK\times DG$.

所以$BD=AK\times\dfrac{DG}{CD}=\dfrac{DF\times CD}{FH-DG}\times\dfrac{DG}{CD}=\dfrac{DF\times DG}{FH-DG}$ ④

这样，非常巧妙地完成了公式①②的证明. 数学史家称这种方法为“出入相补”原理.

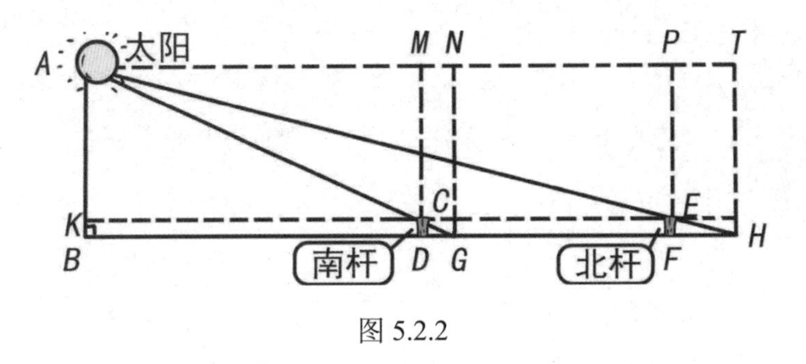

图 5.2.2

（2）陈老夫子测太阳直径的方法如图5.2.3所示.

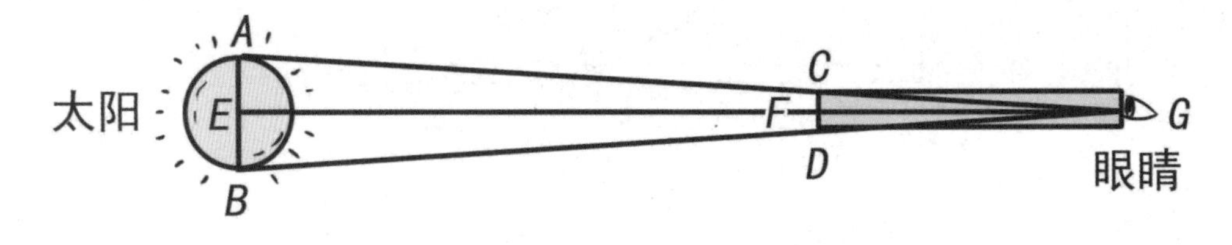

图 5.2.3

在上述南杆影长6尺的时候，用$FG=8$尺长的一根竹筒，筒口直径$CD=1$寸，正对太阳，用眼睛从筒口望过去，看见太阳直径AB恰好嵌满竹筒的筒口CD. 可

以用面积法证明，$AB=\dfrac{GE\times CD}{GF}$. 代入相关数据，陈子测得太阳直径为1250里（1里=1500尺）.

这些测得的数据显然是不正确的，原因是地球表面是球面，不是平面. 本测量原理在小范围，将地面近似看成平面时是正确的，其完全适用于不可到达的建筑物的高度的测量.

3. 从照片计算东方明珠塔的高

图 5.3.1

照相机不仅可以用来帮助测量云层或飞机的高度，而且可以用来帮助测算地上高大建筑物，如电视塔、高架电线杆、高楼等的高度.

例如，图5.3.1是上海东方明珠广播电视塔（东方明珠塔）的图片，它犹如从天而降的明珠洒落在黄浦江畔. 它始建于1991年，建成于1994年，是上海著名的地标之一.

已知东方明珠塔上球体直径的尺寸是45米. 请根据这个数据和量得照片的上球体直径和塔高的尺寸，求出东方明珠塔的实际高度.

解：这张东方明珠塔的照片和它过塔顶垂直地面的截面上的几何形状完全相似. 因此，照片上塔的高度与上球体直径之比，等于实际塔高与上球体直径之比.

通过对照片的度量，上球体直径长为7毫米，塔高为73毫米.已知实际上球体直径为45米，设塔实际高度为h，所以得出$\frac{73}{7}=\frac{h}{45}$，解出高度$h$为$h=\frac{73\times45}{7}\approx469$（米）.

因此从照片测算东方明珠塔高约为469米（实际高度是467.9米，所求结果接近这个数值）.

当然，这种对照片分析测高的方法，只是用于图像看起来没有变形的情况，这取决于摄影师的技术. 而且空间的图形在照片上变成平面的，其相似部分在垂直平面上，因此，选用底座圆的直径，或东方明珠球体的直径. 这是因为底座一条直径与塔的高线同在垂直地面的一张平面上，是与照片平面平行的，因此图像是相似的.

用这个方法可以从照片图像来分析人的近似身高，也可以测算著名建筑物的高度. 读者不妨试试看！

请你思考：张博士拿出一张郑州黄河风景名胜区的炎黄二帝的塑像照片，如图5.3.2所示. 从广场平面到塑像顶部高约106米. 请你设计一种可以实际测量塑像高度的方案.

下面是营员们设计的一个简易的测量方案：在塑像顶部一点所作广场平面的垂面与广场平面的交线上取A，B两点，在这两点上分别放置一个1.5米的支架，支架上面放上测角器. 从A点测得塑像顶部仰角为30°，从B点测得塑像顶部仰角为15°. 只要测得AB的距离a米，用这个距离加上1.5米就是塑像的高度h.

（答案：$h=0.5a+1.5$米）

图 5.3.2

4. 估算九江水位

1998年夏天，长江洪水居高不下，根据报道，8月22日武汉关水位高达29.32米.已知武汉关离长江入海口1125千米（沿江距离，下同），而九江离武汉关269千米. 你能不能估算当天九江的水位大概是多少米呢？（取两位小数）

当然，为了计算简单，我们假设从武汉关到入海口长江江面坡度相同.

思考：由假设长江江面坡度相同可知，江面上任意两地的水位差与两地之间江水的流程（即沿江距离）之比都相等. 因此，江面上每地的水位与该地到入海口的（沿江）距离之比也都相等. 如图5.4.1所示，已知武汉关到入海口的（沿江）距离是1125千米，而九江离武汉关是269千米，则九江到入海口的（沿江）距离为1125−269=856（千米），其中，九江在武汉关与长江入海口之间. 武汉关水位高29.32米，设九江水位为x米，则有$29.32 : x=1125 : 856$，解得$x = 29.32\times 856\div 1125=22.31$（取两位小数）.

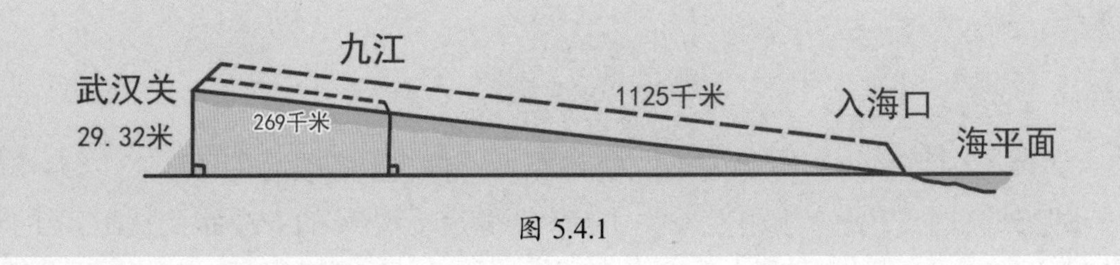

图 5.4.1

这样，我们计算出当天九江的水位是22.31米.

题中武汉关水位是1998年8月22日公布的资料. 九江水位当日22.26米，我们的模型计算较实测值高出5厘米.

一边看报，一边用最简单的模型思考，就可以得出相当精确的数值估计.这样的实际生活中的数学问题，不正是锻炼我们思维的极好时机嘛!

5. 松鼠回巢问题

如图5.5.1所示，已知$\triangle ABC$的周长为1992厘米. 一只小松鼠位于AB上（点A，B除外）的点P处，小松鼠首先由点P沿平行于边BC的方向跑到边AC上的点P_1后，立即改变方向，再沿平行于AB的方向奔跑，当跑到BC边上的P_2后，又立即改变方向，沿平行于CA边的方向奔跑，当跑到AB边上的点P_3后，又立即

改变方向，沿平行于边BC的方向奔跑，此后按上述规律一直跑下去. 问小松鼠能否再返回到点P？如果能再回到点P，至少要跑多少路程？

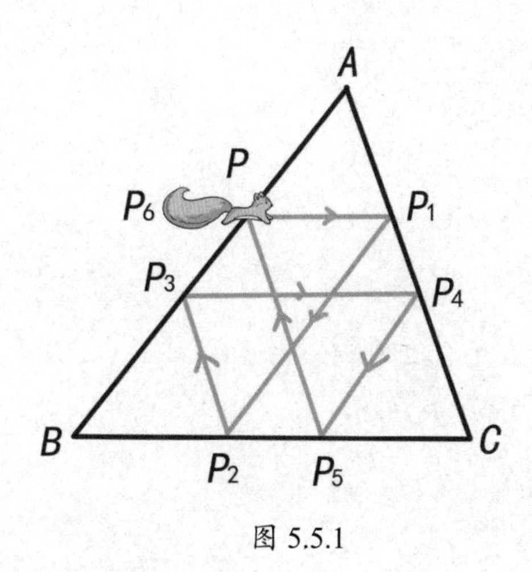

图 5.5.1

解：设BC的中点为Q，AC的中点为N.

若小松鼠的出发点P位于AB的中点M，容易知道小松鼠跑的轨迹是$M \to N \to Q \to M$，如图5.5.2所示.

所跑的路程恰为$\triangle MNQ$的周长，即$\triangle ABC$周长的一半，为$\frac{1992}{2}=996$（厘米）.

若P不在AB的中点M，$PP_1//BC$，P_1，P_2，P_3，P_4，P_5，P_6是依次按题设方式产生的点列.

因为$P_1P_2//AB$，所以$\frac{AP_1}{P_1C}=\frac{BP_2}{P_2C}$①.

$P_2P_3//CA$，所以$\frac{BP_2}{P_2C}=\frac{BP_3}{P_3A}$②.

$P_3P_4//BC$，所以$\frac{BP_3}{P_3A}=\frac{CP_4}{P_4A}$③.

$P_4P_5 // AB$，所以$\dfrac{CP_4}{P_4A}=\dfrac{CP_5}{P_5B}$④.

$P_5P_6 // CA$，所以$\dfrac{CP_5}{P_5B}=\dfrac{AP_6}{P_6B}$⑤.

比较①②③④⑤得，$\dfrac{AP_1}{P_1C}=\dfrac{AP_6}{P_6B} \Rightarrow P_6P_1 // BC$.

又$PP_1 // BC$，所以根据平行公理，P_6P_1与PP_1重合，P_6与初始点P重合.因此小松鼠离开点P后，折返6次返回到点P. 此时因四边形$P_6P_1P_2B$是平行四边形，故$P_6P_1=BP_2$. 因四边形$P_3P_4CP_2$为平行四边形，故$P_3P_4=P_2C$.

所以$P_6P_1+P_3P_4=BC$.

同理可得，$P_2P_3+P_5P_6=CA$，$P_4P_5+P_1P_2=AB$.

所以$P_6P_1+P_1P_2+P_2P_3+P_3P_4+P_4P_5+P_5P_6=BC+CA+AB=1992$（厘米）.

所以，此时小松鼠返回点P至少要跑1992厘米的路程.

答：若小松鼠从AB边的中点出发，返回原处至少要跑996厘米的路程；若小松鼠不是从AB边的中点出发，返回原处至少要跑1992厘米的路程.

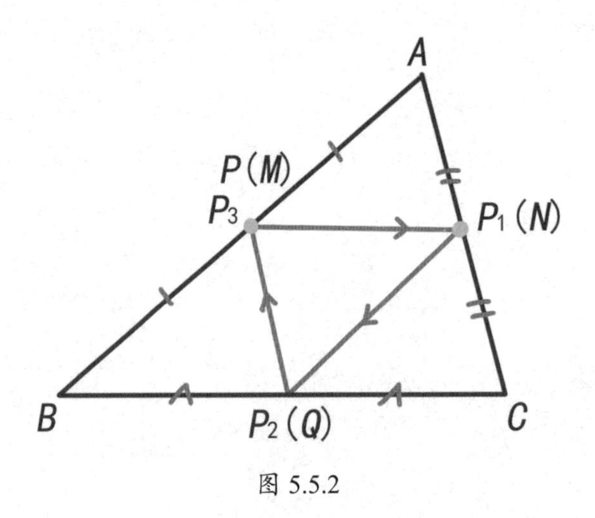

图 5.5.2

6. 杠杆提水问题

如图5.6.1所示，已知杠杆的短臂为0.75m，长臂为3.75m. 当短臂的端点下降0.5m时，长臂的端点上升多少？

图 5.6.1

解：易知$AO=0.75\text{m}$，$BO=3.75\text{m}$，$AA_1=0.5\text{m}$.

由于$\text{Rt}\triangle BDO\backsim\text{Rt}\triangle A_1AO$，

所以$\dfrac{BD}{BO}=\dfrac{AA_1}{A_1O}$，即$BD=\dfrac{AA_1\times BO}{A_1O}$.

代入相关数据，得$BD=\dfrac{0.5\times3.75}{0.75}=2.5$（m）.

这也是农村使用杠杆提水灌溉的原理.

7. 用秤称出清苑县面积

抗战时期，清苑县（现河北省保定市清苑区）划给安国（现河北省安国市）一块土地，清苑县长想要测算全县还剩多大面积，便将这个任务交给了木匠出身并只有小学四年级文化的尺算法发明家于振善同志. 当时没有大规模实地测量的条件，只有一张清苑县地图. 善于动脑筋想办法的于振善看到了地图上的比例尺是1:100000，他设想了一个办法：刨出一块正方形的薄木板，将地图贴在木板上，沿着清苑县地图边缘将清苑县图版锯下来，然后用秤称出图版的重量W，再称出1平方厘米正方形图版的重量w，则$\frac{W}{w}=s$就是清苑县图版的平方厘米数，则$S=s\times100000^2$（平方厘米）就是清苑县的实际平方厘米数，也就是$s\times1000000$平方米数.

其原理就是清苑县的实际图形与地图是相似图形，长度是按比例尺缩小的. 所以，设法称出地图上清苑县的面积，按比例尺平方放大就是清苑县的实际面积.

8. 计算乘除的方形尺算器

1936年，于振善开始研究尺算法. 加减算法的算尺比较好构造，用两个等分尺就可以办到.然而，乘除法算尺应如何构造呢？于振善把自己关在屋子里埋头实验，门口写上“此屋有电”，乡亲们也不敢打扰，但他试来做去不见成效. 秋天他去农田割豆，镰刀斜割省力的体验，启发他联想到尺子斜放. 回去一试，便构造出了尺子斜放计算乘除的图式，完善后他发明了“于振善乘除尺算器”.

从图5.8.1可见，斜尺的2对着立尺的1，立尺的6对着斜尺的12，就是2×6=12，反之就可以计算12÷6=2.

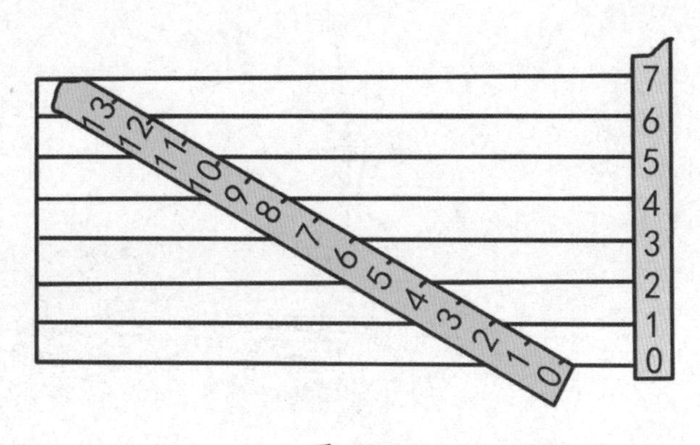

图 5.8.1

后来，北京大学的学生证明了，“于振善乘除尺算器”的理论根据就是平行截割定理.

新中国成立后，于振善尺算法被整理成书，时任教育部部长的马叙伦曾为于振善尺算法书题词：从这本尺算法，证明了中国劳动人民有善于发明的智慧.

1949年于振善到天津北洋大学和南开大学学习，1950年9月25日，出席全国工农兵英模代表大会，1959年创造了“数块计算法”，接着又发明了“划线计算法”，1961年应河北省政府之聘，调河北大学数学系工作，1962年把计算法和珠算结合起来，发明了“杆珠计算法”“复珠计算法”和“快准珠算法”，创造了连乘连除和立方立体划线法模型，经中国科学院数学研究所鉴定后，记在《新计算法》一书中. 其事迹及算法，先后刊登在《科学杂志》《科学通讯》《人民画报》等刊物上，并用英、法、西班牙等语言介绍到世界各地.

9. 等分竹竿

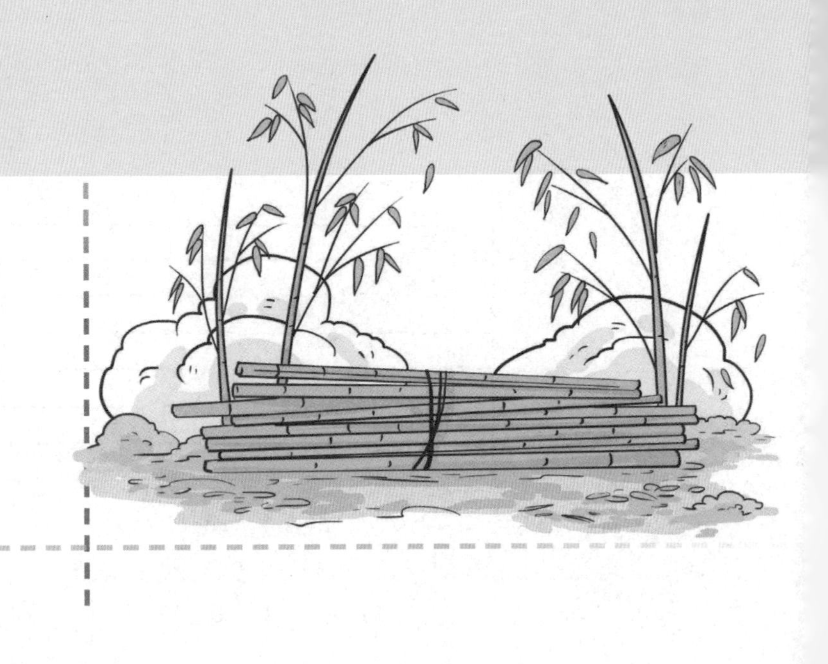

有一批竹竿，需要每根分成相等的5段，然后用电锯锯断. 要先把每根竹竿用粉笔标出4个等分点. 小华开始找皮尺，师傅说不需要用皮尺，并指了指铺砌着正方形地板砖的地面. 你能想到办法吗？

小华想了想，很快解决了这个问题.

小华是这样解决的：在空地上，正方形地板砖形成了等距离的一组平行线. 小华将竹竿斜放，竹竿两头分别压在如图5.9.1所示的两条平行线上，然后在每条平行线与竹竿的交会处用粉笔做个记号，很快小华完成了任务，受到师傅的表扬.

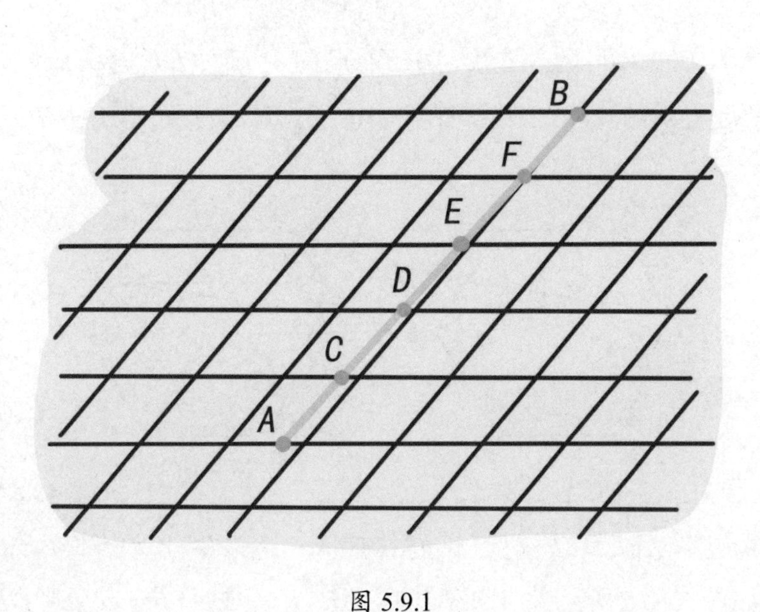

图 5.9.1

其理论根据是平行截割定理：两条直线与一组平行线相交，则这两条直线被这组平行线截得的对应线段成比例.

当然，如果这组平行线是等距平行线，那么截得的线段必是相等的线段.

10. 求阴影五边形面积

在边长等于10厘米的正六边形 $ABCDEF$ 中，H 为 DE 的中点，G为BC边上的一点，且满足 $\angle AGB=\angle CGH$，如图5.10.1所示. 求五边形$AFEHG$的面积是多少平方厘米？

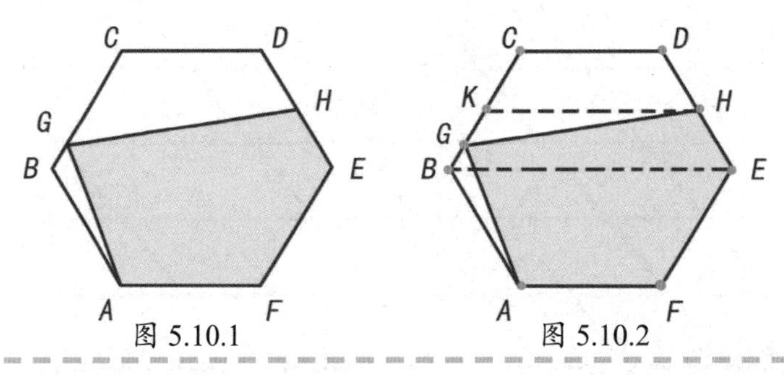

图 5.10.1　　图 5.10.2

解：正六边形 $ABCDEF$ 的边长为10厘米. 连接BE，过H作BE的平行线，交GC于K，如图5.10.2所示易知KH=15，BK=KC=5. 设BG=x，则GK=5−x，由$\triangle KGH$与$\triangle BGA$相似，得$\dfrac{KH}{AB}=\dfrac{GK}{BG}$，即$\dfrac{15}{10}=\dfrac{5-x}{x}$，解得$x$=2，$GK$=3.

所以正六边形$ABCDEF$的面积$=6\times\dfrac{\sqrt{3}}{4}\times100=150\sqrt{3}$（平方厘米）.

容易计算梯形$CKHD$的面积$=\dfrac{1}{2}(10+15)\times\dfrac{5\sqrt{3}}{2}=\dfrac{125\sqrt{3}}{4}$（平方厘米）.

$\triangle KGH$的面积$=\dfrac{1}{2}\times3\times15\times\dfrac{\sqrt{3}}{2}=\dfrac{45\sqrt{3}}{4}$（平方厘米）.

$\triangle BGA$的面积$=\dfrac{1}{2}\times2\times10\times\dfrac{\sqrt{3}}{2}=5\sqrt{3}$（平方厘米）.

所以，五边形 $AFEHG$ 的面积 $=150\sqrt{3}-\dfrac{125\sqrt{3}}{4}-\dfrac{45\sqrt{3}}{4}-5\sqrt{3}=\dfrac{205\sqrt{3}}{2}$（平方厘米）.

11. 两个重叠的等边三角形

如图5.11.1所示，$\triangle PQR$和$\triangle P'Q'R'$是两个全等的等边三角形. 六边形$ABCDEF$的边长分别记为$AB=a_1$，$BC=b_1$；$CD=a_2$，$DE=b_2$；$EF=a_3$，$FA=b_3$.

求证：$a_1^2+a_2^2+a_3^2=b_1^2+b_2^2+b_3^2$.

这是多么对称美妙的数量关系呀！

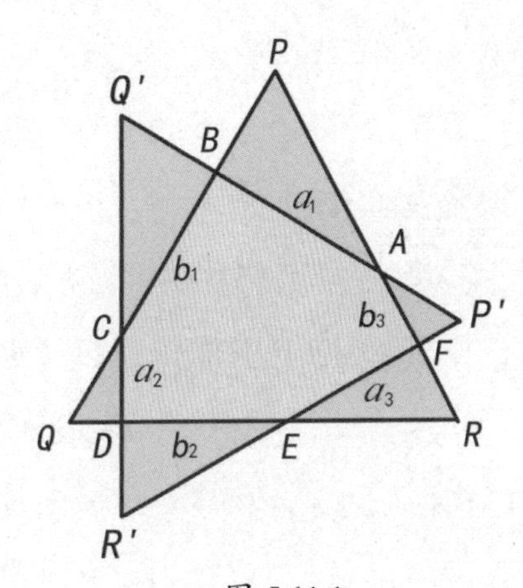

图 5.11.1

证明：由等边三角形每个内角都为60°及对顶角相等，我们不难发现，$\triangle PAB\backsim\triangle Q'CB\backsim\triangle QCD\backsim\triangle R'E'D\backsim\triangle REF\backsim\triangle P'AF$.

设$\triangle PAB$、$\triangle Q'CB$、$\triangle QCD$、$\triangle R'E'D$、$\triangle REF$、$\triangle P'AF$的面积依次为S_1，S'_1，S_2，S'_2，S_3，S'_3.

由题设的两个正三角形全等，即$S_{\triangle PQR}=S_{\triangle P'Q'R'}$，减去重叠部分六边形$ABCDEF$的面积，可得$S_1+S_2+S_3=S_1'+S_2'+S_3'$.

由上述6个三角形彼此相似的关系，我们有$\dfrac{b_1^2}{a_1^2}=\dfrac{S_1'}{S_1}$，$\dfrac{b_2^2}{a_1^2}=\dfrac{S_2'}{S_1}$，$\dfrac{b_3^2}{a_1^2}=\dfrac{S_3'}{S_1}$.

相加得 $\dfrac{b_1^2+b_2^2+b_3^2}{a_1^2}=\dfrac{S_1'+S_2'+S_3'}{S_1}$，即$\dfrac{a_1^2}{b_1^2+b_2^2+b_3^2}=\dfrac{S_1}{S_1'+S_2'+S_3'}$ ①.

同理可证，$\dfrac{a_2^2}{b_1^2+b_2^2+b_3^2}=\dfrac{S_2}{S_1'+S_2'+S_3'}$ ②.

$\dfrac{a_3^2}{b_1^2+b_2^2+b_3^2}=\dfrac{S_3}{S_1'+S_2'+S_3'}$ ③.

①+②+③得，$\dfrac{a_1^2+a_2^2+a_3^2}{b_1^2+b_2^2+b_3^2}=\dfrac{S_1+S_2+S_3}{S_1'+S_2'+S_3'}=1$，即$a_1^2+a_2^2+a_3^2=b_1^2+b_2^2+b_3^2$.

12. 黄金分割与美的密码

在已知线段AB上求作一点C，使得$AC:CB=3:5$，利用平行截割定理，大家很容易作出.

早在公元前300年左右，欧几里得就用尺规作图解决了这样一个问题：在已知线段AB上求作一点C，使得$CB:AC=AC:AB$.

解：如图5.12.1所示，不妨设$AB=a$，记C为所求作的点，设$AC=x$，$CB=a-x$. 则有$(a-x):x=x:a$，即可化为$x^2+ax-a^2=0$，

解得$x_1=\dfrac{\sqrt{5}-1}{2}a$，$x_2=\dfrac{-\sqrt{5}-1}{2}a$（舍）. 所以$\dfrac{AC}{AB}=\dfrac{\sqrt{5}-1}{2}\approx 0.618$.

图 5.12.1

欧几里得的作法：如图5.12.2所示，设$AB=a$，过B作AB的垂线BM，取$BM=\dfrac{AB}{2}=\dfrac{a}{2}$，连接$AM$，在$AM$上截取$DM=BM=\dfrac{AB}{2}=\dfrac{a}{2}$，以$A$为圆心，$AD$为半径画弧交$AB$于点$C$，则点$C$即为所求作的点.

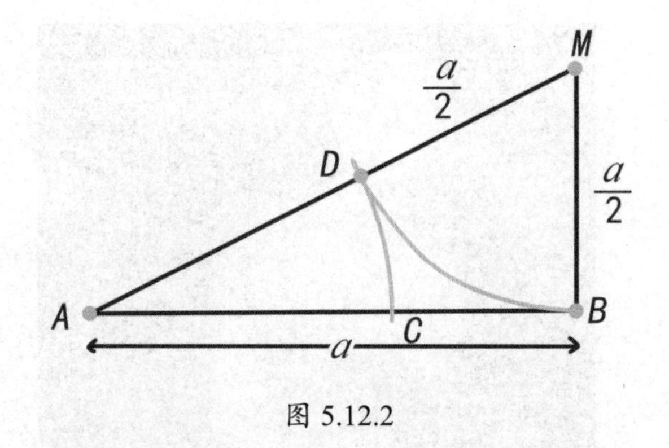

图 5.12.2

因为 $$\frac{AC}{AB}=\frac{AD}{AB}=\frac{AM-\frac{AB}{2}}{AB}=\frac{\sqrt{a^2+\left(\frac{a}{2}\right)^2}-\frac{a}{2}}{a}=\frac{\sqrt{5}-1}{2}.$$

所求作的点C为什么称为线段AB的黄金分割点呢？因为比值$\frac{\sqrt{5}-1}{2}\approx 0.618$是个美妙而神奇的数字， 被人们称为黄金数. 爱与美之女神维纳斯和智慧女神雅典娜的雕像下身长与全身长的比都是0.618，在雅典，用于祭雅典娜女神的巴特农神庙就是按0.618的比例建造的. 0.618这个数被艺术家和建筑师们广泛地应用于他们的作品之中.

如图5.12.3所示是卢浮宫里的维纳斯雕像的照片，照片中的维纳斯美丽动人，充满活力的优美姿态和高雅的气质，通过形体表现出来，古希腊人认为，如果雕像形体符合数学上的黄金比，会显得特别美丽. 我们可以验证雕像身体各部位的比例. 记a=0.618，则图中各条线段的关系如下：

$AC=aAB,\ CB=aAC,\ CD=aCB,\ DB=aCD,$

$DE=aDB,\ EB=aDE,\ DF=aDE, FE=aDF,$

$FG=aFD$，$BH=aBE.$

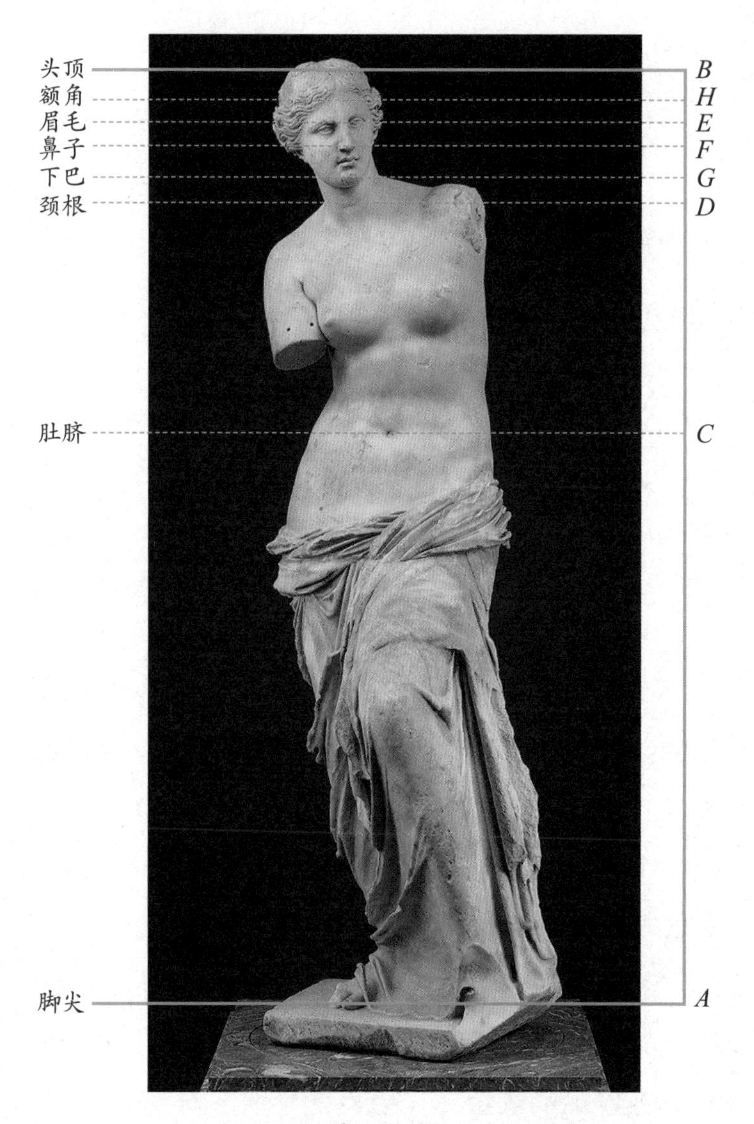

图 5.12.3

19世纪，德国心理学家弗希纳曾做过一次心理测试. 他召开了一次“矩形展览会”，会上展出了精心制作的各种矩形，要求参观者投票选择各自认为最美的矩形.它们的宽与长的比分别是：

5∶8(=0.625)，8∶13(≈0.615)，13∶21(≈0.619)，21∶34(≈0.618).

似乎人们对美的肯定近似于一个定数，无怪乎人们称0.618为“美的密码”.

更有趣的是，人体上有许多黄金分割的例子. 比如，人的肚脐是人体长的黄金分割点，而膝盖又是人体肚脐以下部分的体长的黄金分割点. 如图5.12.4所示是达·芬奇为数学家帕西欧里（L.Pacioli）的书《神奇的比例》所作的插图，他把人体与几何中最完美而又简单的图形——圆和正方形联系到了一起，图中蕴含着黄金数.

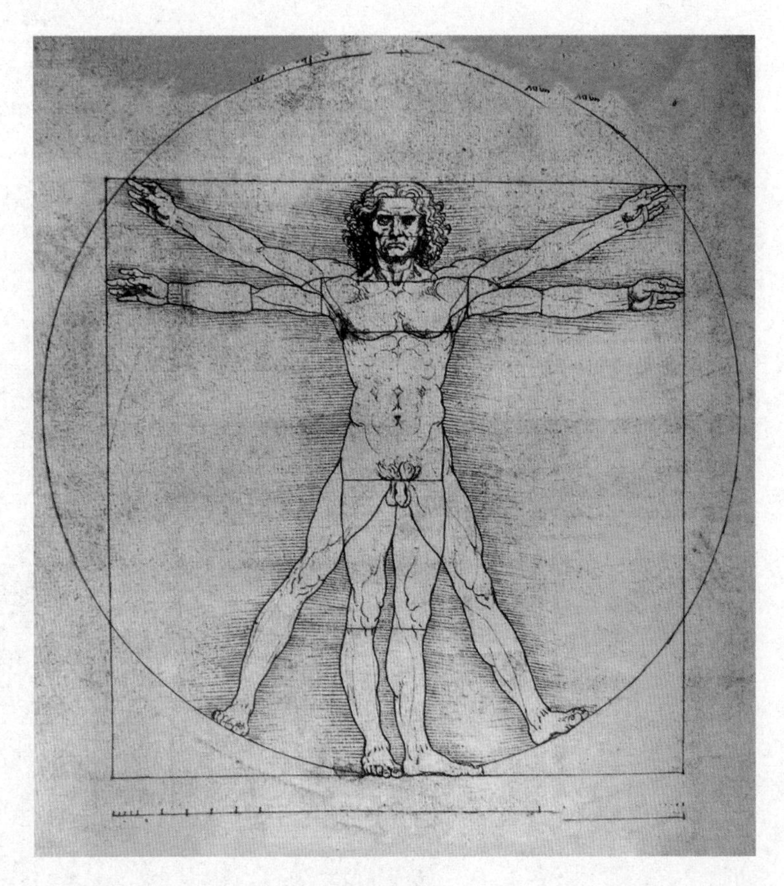

图 5.12.4

大家都知道，0.618不仅是“美的密码”，而且还是“优化天使”. 在生产实践和科学实验中，为了达到优质、高产、低耗的效果，要寻找出主要因素的最佳点. 而许多问题的目标与因素之间没有明确的数学表达式，只能通过试验找出有关因素的最佳点. 这种通过试验选优的方法称为优选法. 比如单因素优选法中最受青睐的是0.618法，它能以较少的试验次数较快地找到最佳点，即先取试验点所在区间的0.618分点处（黄金分割点）做第一次试验. 要详细了解优选法的读者可以参阅华罗庚教授写的小册子《优选法平话及其补充》，此处不再赘述.

几何的荣光 1

一、透过图形看世界

二、眼见之实未必真

三、点线构图基本功

四、图形剪拼奥妙多

五、勾股定理古与今

几何的荣光 3

一、圆中趣闻妙题多

二、妙手回春绘真图

三、统筹安排巧设计

四、形海拾贝纵横谈